Andreas Reinert

Meerschweinchen

Andreas Reinert

Meerschweinchen

Haltung – Zucht – Ausstellung

Oertel+Spörer

Bildnachweis
Titelbild: Benjamin Werdelmann
Innenteilbilder:
Susanne Brücker S. 41, 74, 76, 77, 159 (3), 160, 186
Petra Ludwig-Bauer S. 44, 45 o., 46
Alle anderen Bilder von Benjamin Werdelmann
Grafiken: Andreas Reinert

Haftungsausschluss
Die Hinweise in diesem Buch wurden vom Autor sorgfältig recherchiert und geprüft. Es können jedoch keinerlei Garantien übernommen werden. Eine Haftung des Autors, des Verlags und seiner Beauftragten für Personen-, Sach- und Vermögensschaden ist ausgeschlossen. Sämtliche Teile des Werks sind urheberrechtlich geschützt. Jede Verwertung außerhalb der engen Grenzen des Urheberrechtsgesetzes ist ohne die schriftliche Zustimmung des Verlags und des Autors unzulässig und strafbar. Dies gilt insbesondere für Vervielfältigungen, Übersetzungen, Mikroverfilmungen und die Einspeicherung und Verarbeitung in elektronischen Systemen.

Bibliografische Information der Deutschen Nationalbibliothek
Die Deutsche Nationalbibliothek verzeichnet diese Publikation in der Deutschen Nationalbibliografie; detaillierte bibliografische Daten sind im Internet über http://dnb.d-nb.de abrufbar.

Postfach 16 42 · 72706 Reutlingen

Schrift: 9,5/12,5 p Meta Plus
Lektorat: Dr. Gabriele Lehari
DTP und Repro: raff digital gmbh, Riederich
Druck und Bindung: Oertel+Spörer Druck und Medien-GmbH+Co., Riederich
Printed in Germany
ISBN 978-3-88627-321-8

Inhalt

Vorwort

Das Hobby der Meerschweinchenzucht hat im Laufe der vergangenen Jahrzehnte schon viele Menschen begeistert und in seinen Bann gezogen. Im Fachhandel findet man hierzu eine Vielzahl von Zeitschriften, Büchern und Standards. Ergänzt wird dies inzwischen durch ein riesiges Angebot von Informationen im Internet. In den meisten europäischen Ländern sowie den USA, Kanada und Australien existieren Meerschweinchenvereine. Sie organisieren alljährlich Ausstellungen, Tischrichtungen und Fachseminare.
Die meisten Vereine in Europa sind Mitglied im Europäischen Dachverband der EE (Entente Européenne d'Aviculture et de Cuniculture). Deutschland ist durch seinen Dachverband, den MFD BD e.V. (Meerschweinchenfreunde Deutschland/ Bundesverband Deutschland e.V. 1988), vertreten.

Nun stellte sich die Frage, inwieweit bei diesem Angebot ein weiteres Buch über Meerschweinchen noch von Interesse sein kann. Mir fielen hierzu drei sehr gute Gründe ein. Ein reines Fachbuch, in dem ein gestandener Rassemeerschweinchenzüchter weitere Ergänzungen zu seinem Wissen bekommt, gab es bis heute noch nicht.
Ein Buch, das einen Anfängerzüchter auf seinen Weg in das Hobby begleitet und in dem man alle Antworten auf seine vielen Fragen findet, gab es ebenfalls noch nicht.
Den Versuch, einen Liebhabermeerschweinchenzüchter die Faszination der Zucht von Rassemeerschweinchen mit all den Facetten, die das Hobby zu bieten hat, nahezubringen, ist der Grund Nummer drei.
Das Internet schafft in diesen drei Punkten leider keine Abhilfe. Viele Berichte und Aussagen sind schlichtweg falsch. Die Gesamtqualität der Tiere nahm durch dieses Medium nicht zu. Neue Rassen und Farben sorgten für sehr viel Vermischung in den Genen. Auf zahlreichen Plattformen und Homepages werden „perfekte" Tiere zur Zucht oder Show angeboten – und dies zumeist von Züchtern, die ihre Meerschweinchen noch nie einem Preisrichter vorgestellt haben.
Selbst wenn der Phänotyp der angebotenen Tiere in Ordnung ist, liegen die negativen Überraschungen oft im Genotyp. Dies ist ungefähr vergleichbar mit einem Stück Schokolade, in welches man genüsslich beißt, und danach ein langes Gesicht zieht, weil ein Food Designer die verrückte Idee hatte, Schokolade mit Fischgeschmack zu kombinieren. Hierbei hätte ein Blick auf die Verpackung der Schokolade Aufklärung verschafft.
Dies geht bei einem Meerschweinchen natürlich nicht. Auch ein Stammbaum bietet nicht alle Informationen, die man benötigt. Das Einzige, was hier wirklich hilft und schützt, ist ein umfangreiches Fachwissen in allen Bereichen.

Um dieses Wissen weitergeben zu können, trug ich alle Erkenntnisse, die ich über Jahre als A-Preisrichter, Leiter der Preisrichterausbildungskommission und Mitglied der Standardkommission des MFD BD e.V. gewonnen habe, zusammen. Ergänzt wurde dieses natürlich durch die Erfahrungen, die meine Frau Martina und ich seit 1987 in der Kleintierzucht selbst machten.
So kamen peu à peu alle Themen wie zum Beispiel der Körperbau, die Rassenkunde, die Farblehre, die Konditionierung, die Pflege, die Fütterung, die Haltung und die gängigsten Krankheiten zusammen und das Werk wurde immer vollständiger.
Der sachliche Inhalt richtet sich hierbei

sehr stark nach den Kriterien des Standards des MFD BD e.V. bzw. des Europastandards. Diese beiden Standards bringen meiner Meinung nach die am sinnvollsten gewachsenen und gesündesten Rassen und Farben hervor. Denn nur wenn beides Hand in Hand geht, ist ein Züchter auch wirklich ein Züchter. Er vermehrt nicht einfach nur Meerschweinchen, sondern sorgt gezielt für neue Generationen. Beweise für diese Aussage findet man in der Vergangenheit. Heutzutage kommen viele Krankheiten von früher nicht mehr oder kaum noch vor. Einen Unterschied in der durchschnittlichen Lebenserwartung zwischen Meerschweinchen die als Rasse- oder als Mischlingstiere (Liebhabertiere) in der Zucht sind, gibt es ebenfalls nicht. Eine große Anzahl von Punkten des Tierschutzes sind durch die Vereine viel früher in den Focus geraten und berücksichtigt worden, als wenn Einzelpersonen dies hätten umsetzen wollen.

Nun wünsche ich allen Lesern sehr viel Spaß mit diesem Buch und hoffe, dass alle ihre Erwartungen erfüllt werden.

Herkunft und Biologie

Die heutigen uns bekannten Hausmeerschweinchen stammen ursprünglich aus den südamerikanischen Andenländern. Dort leben die Tiere seit ungefähr 5000 bis 6000 Jahren als Haustier und Fleischlieferant in den Behausungen der Bewohner. Sie wurden komplett domestiziert.

Systematik

Auf diesem Kontinent leben auch die meisten anderen wilden Vertreter der Caviidea, eine Familie der Nagetiere (Rodentia). Insgesamt unterscheidet man hier drei Unterfamilien mit sechs Gattungen.

Unterfamilien und Gattungen
Unterfamilie Hydrochoerinae (Hydrochoerinae)

- Wasserschwein/Capybara *(Hydrochoerus)*
- Felsen-/Bergmeerschweinchen *(Kerodon)*

Unterfamilie Pampashasen *(Dolichotinae)*

- Pampashase/Maras *(Dolichotis)*

Unterfamilie Meerschweinchen *(Caviinae)*

- Meerschweinchen *(Cavia)*
- Gelbzahn-/Wieselmeerschweinchen *(Galea)*
- Zwergmeerschweinchen *(Microcavia)*

Die Meerschweinchenarten, die noch als wild lebende Gruppen in der Natur vertreten sind, leben in Rudeln von fünf bis 20 Tieren in den Bergen sowie auch in den Savannen und Lichtungen von Waldrandgebieten. Die Tiere wiegen zwischen 400 und 700 g, die Zwergarten sogar nur zwischen 250 und 300 g. Die durchschnittliche Wurfgröße liegt bei ein bis fünf Jungtieren. Die Trächtigkeitszeit beträgt ungefähr bei 55 bis 60 Tagen.

Unsere Hausmeerschweinchen zählen zur Gattung *Cavia*, die mit vier Arten vertreten ist:

- *Cavia aperea*
- *Cavia fulgida*
- *Cavia intermedia*
- *Cavia magna*

Meerschweinchen wurden schon vor Jahrtausenden domestiziert.

Bei der Art *Cavia aperea* unterscheidet man wiederum mehrere Unterarten:

- *Cavia aperea anolaimae*
- *Cavia aperea festina*
- *Cavia aperea guianae*
- *Cavia aperea hypoleuca*
- *Cavia aperea nana*
- *Cavia aperea osgoodi*
- *Cavia aperea pamparum*
- *Cavia aperea porcellus*
- *Cavia aperea resida*
- *Cavia aperea sodalis*
- *Cavia aperea tschudii*

Da unsere heutigen Rassemeerschweinchen keine echte Wildart mehr sind, bekommen sie in ihrem wissenschaftlichen Namen den Zusatz *forma domestica*. In Kurzschreibweise, nur forma bzw. f. Somit ist die genaue lateinische Benennung:
Cavia aperea forma porcellus

Der Siegeszug der Meerschweinchen

In Europa wurden die Tiere zum ersten Mal in den Büchern des Schweizer Zoologen Konrad Gessner um 1533 beschrieben. Spanische, portugiesische, englische und niederländische Seefahrer brachten sie ab dem 16. und 17. Jahrhundert mit über das Meer. Ihren Siegeszug starteten sie etwa 100 Jahre später in die angrenzenden Länder. Das älteste präparierte Exemplar stammt aus dem Jahre 1880 und steht im Londoner Naturkunde Museum.
Im Laufe der Jahrzehnte entstanden durch Mutationen und Linienzuchten neue Rassen, Farben und Haarstrukturen. Ein nicht unerheblicher Teil von ihnen wurde in den Jahren von 1990 bis 2005 aus den USA und Kanada importiert und in die europäischen Linien eingekreuzt. Bis heute sind 14 Rassen mehr oder weniger anerkannt. Alle diese Rassen können jeweils in zwei Haarstrukturen auftreten. Bei den Wildfarbenen, Einfarbigen und Zeichnungs-Meerschweinchen kommen über 400 Varianten/Kombinationen in Betracht. Möchte ein Züchter also von jedem Tier ein Pärchen besitzen, müsste er Platz für über 25.000 Tiere in seinem Stall haben. Selbstverständlich ist dies eine rein rechnerische Größe. Sie soll auch nur verdeutlichen, dass es sehr wichtig ist, sich als Züchter auf seine Rassen und Farben zu konzentrieren. Alles andere bringt einen in seinen Bestrebungen nicht weiter.

Die Namensgebung

Die Namensgebung für das Meerschweinchen ist in vielen Ländern sehr unterschiedlich. Der deutsche Name Meerschweinchen ist eine Kombination aus der Herkunft der Tiere (die Tiere, die über das Meer kamen) und ihrem lateinischen Zusatznamen porcellus (lat.: Schweinchen).

Die üblichen Bezeichnungen in verschiedenen Ländern
Deutschland, Österreich, Schweiz, Luxemburg: Meerschweinchen, Cavia
Niederlande, Belgien: Cavia, Guinea Pig
England, USA, Kanada, Australien: Cavy, Guinea Pig
Frankreich: Cobaye, Cochon d' Inde
Spanien: Conejillo de Indias, El conejillo
Dänemark, Schweden, Finnland: Marvine, Cavy

In Südamerika sind die Meerschweinchen unter dem Namen Cuy bekannt geworden. Die Tiere gelten dort seit jeher als Schlachttiere. Ihre Größe sowie ihr Gewicht wurden daher zum wichtigsten Selektionskriterium. Cuys mit einem Lebendgewicht um die 3,5 kg sind keine Seltenheit. Im Gegensatz zu unseren Meerschweinchen sind diese Tiere sehr scheu.

Meerschweinchen biologisch gesehen

Physiologische Daten

Herkunft	Südamerika (Peru)
Tierklasse	Säugetier (32 Chromosomenpaare)
Wissenschaftlicher Name	*Cavia aperea f. porcellus*
Körpergewicht (männlich)	1000 bis 1600 g
Körpergewicht (weiblich)	900 bis 1300 g
Körperlänge	25 bis 30 cm
Wachstumsdauer	12 bis 15 Monate
Lebenserwartung	4 bis 8 Jahre (älter nur in Ausnahmefällen)
Ideale Umgebungstemperatur	16 bis 24 °C
Ideale Luftfeuchtigkeit	45 bis 60 %
Vorderfüße	4 Zehen
Hinterfüße	3 Zehen
Zahnformel	1013/1013
Schneidezähne	4
Backenzähne	16
Zahnwechsel	im Mutterleib, etwa am 45. Trächtigkeitstag
Rippenpaare	13 bis 15 Stück
Anzahl Wirbel gesamt	36
Halswirbel	7
Brustwirbel	12
Lendenwirbel	6
Kreuzbeinwirbel	4
Schwanzwirbel	7
Atemfrequenz	60 bis 160 Atemzüge pro Minute
Herzfrequenz	240 bis 380 Herzschläge pro Minute
Blutdruck	50 bis 65 mmHg
Blutmenge	6 % des Körpergewichts
Herzgewicht	0,5 % des Körpergewichts
Lebergewicht	4 % des Körpergewichts
Magengewicht	6 % des Körpergewichts
Gehirngewicht	1,5 % des Körpergewichts
Körpertemperatur	37,5 bis 39,5 °C
Sehvermögen	gut (Farbenunterscheidung), Verhältnis Stäbchen zu Zapfen 5:3

Geruchssinn	sehr gut, Erkennung der Artgenossen
Hörvermögen	sehr gut, 16 bis 33000 Hertz
Futterbedarf	50 bis 100 g am Tag auf 1000 g Lebendgewicht
Wasserbedarf	60 bis 100 ml am Tag auf 1000 g Lebendgewicht
Vitamin-C-Bedarf	10 bis 20 mg am Tag auf 1000 g Lebendgewicht
Rohfettanteil im Futter	3,0 bis 3,5 %
Rohproteinanteil im Futter	15,0 bis 20,0 %
Rohfaseranteil im Futter	12,0 bis 16,0 %
Ascheanteil im Futter	7,0 bis 8,5 %
Fassungsvermögen Magen	20 bis 30 ml
Gesamtdarmlänge	235 cm
Zwölffingerdarm (Duodenum)	12 cm
Dünndarm/Leerdarm (Jejunum)	135 cm
Hüftdarm/Krummdarm (Ileum)	2 bis 5 cm
Blinddarm (Caecum)	15 cm
Dickdarm/Grimmdarm (Kolon)	80 cm
Verständigung	Lautsprache
Geschlechtsreife (männlich)	40 bis 60 Tage
Geschlechtsreife (weiblich)	28 bis 35 Tage
Zuchtreife (männlich)	3 bis 4 Monate (ab 600 g)
Zuchtreife (weiblich)	4 bis 5 Monate (ab 650 g)
Duftdrüse	ovale Region oberhalb des Anus
Brunftzyklus	14 bis 18 Tage
Östrusdauer	6 bis 12 Stunden
Ovulation	etwa 10 Stunden nach Brunstbeginn
Nidation (Einnistung)	6 Tage nach der Befruchtung
Neuaufnahme	bis 16 Stunden nach der Geburt möglich
Tragzeit	68 bis 72 Tage
Wurfgewicht	60 bis 140 g (unter 50 g kaum lebensfähig)
Ideales Wurfgewicht	90 bis 120 g
Wurfgröße	2 bis 5 (Großwürfe von 8 Tieren sind möglich)
Jungsterblichkeit	etwa 10 %
Zitzenanzahl	2
Gebärmutter	2 Legehörner an den Flanken
Stillzeit	3 bis 4 Wochen
Absetzalter	3 bis 4 Wochen (250 bis 300 g)

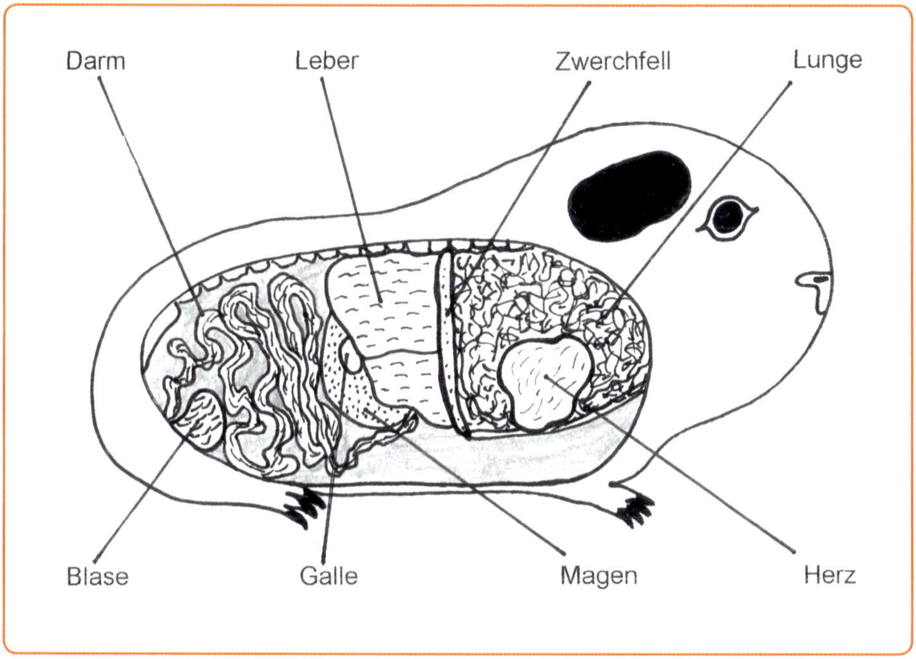

Die Lage der Organe (Situs) beim Meerschweinchen.

Geschlechtsmerkmale

Die Geschlechter der Meerschweinchen sind recht leicht zu unterscheiden. Ganz einfach ist es im fortgeschrittenen Alter des Männchens, wenn dessen Hodensack größer und gut sichtbar geworden ist. Beim Jungtier ähnelt in der Form das Geschlechtsteil eines Weibchens einem Y und das des Männchens einem i. Gelegentlich kommt es vor, dass bei dem Männchen die Hoden nicht absteigen oder ein Penisbruch auftritt.

Die Augen

Die Augen eines Meerschweinchens sind bereits am Tage der Geburt geöffnet und sehr weit entwickelt. Sie können Farben unterscheiden. Die seitliche Anbringung

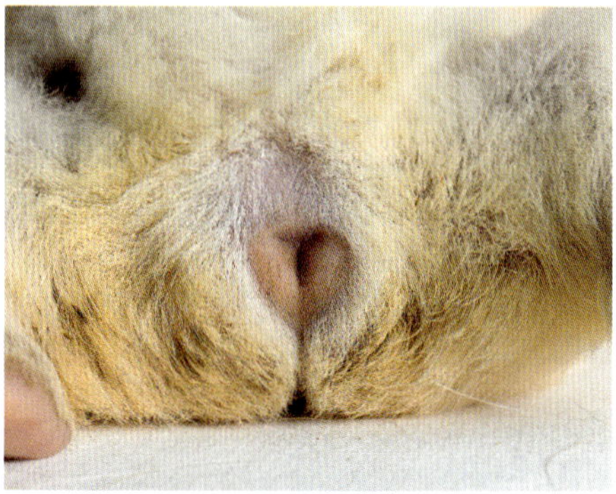

Beim Weibchen haben die Genitalien eine Y-Form.

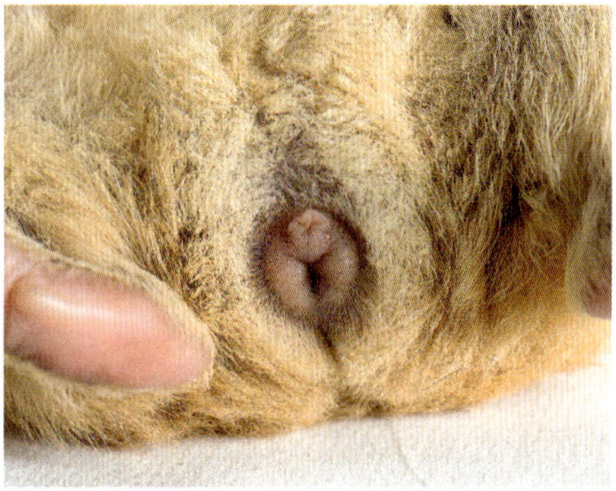

Beim Männchen haben die Genitalien eine i-Form.

am Kopf sowie die Augenform ermöglichen den Tieren ein sehr gutes Rundumsichtfeld. Dies ist eine für sie sehr wichtige Eigenschaft und ermöglicht eine frühe Feinderkennung. Die Sehschärfe eines Meerschweinchens nimmt dabei allerdings schon ab etwa 50 cm Entfernung wieder ab. Daher werden große freie Flächen oft erst genutzt, wenn Einbauten vorhanden sind.
Erstaunlich sind die Widerstandskraft und die Selbstheilung der Augen. Selbst schwerste Augenverletzungen regenerieren sich sehr gut.

Das Gehör

Meerschweinchen können sehr gut hören. Anstelle zwei Windungen in der Schnecke des Innenohrs wie zum Beispiel beim Menschen oder drei wie bei einem Kaninchen besitzen Meerschweinchen vier. Der Mensch hört Töne im Bereich von etwa 16 bis 20.000 Hertz. Das Meerschweinchen hört dagegen von 16 bis etwa 33.000 Hertz. Hohe Töne werden also wesentlich besser wahrgenommen. Scheppernde und klirrende Geräusche versetzen die Tiere in Unruhe.
Die Ohren neigen leider dazu, sehr schnell zu verschmutzen. Gute Pflege ist daher ständig erforderlich.

Der Geruchssinn

Der Geruchssinn eines Meerschweinchens ist sehr stark ausgeprägt. Er dient vor allem der Geschlechtserkennung bzw. der Erkennung der Tiere untereinander. Auch die Identifizierung zwischen Tier und Mensch wird über den Geruchssinn geregelt. Er ist etwa tausendmal stärker als der Geruchssinn des Menschen. Meerschweinchen orientieren sich bei Dunkelheit sehr über ihren Geruchssinn.

Die Zähne

Das Gebiss des Meerschweinchens besteht aus vier Schneide- und 16 Backenzähnen. Die Zahnformel ist 1013/1013. Die meisten Nagetiere besitzen jedoch die Zahnformel 1003/1003. Bei allen Nagetieren fehlen die Eckzähne. Die Zähne müssen weiß und unbeschädigt sein. Sie dürfen keine Verformungen aufweisen oder sogar fehlen. Eine eventuelle Brückenbildung der Backenzähne ist bei einer Bewertung nicht zu erkennen. Sie kommt bei richtiger Fütterung auch recht selten vor. Der Futterbrei wird zwischen den Backenzähnen sehr fein zerkleinert. Durch diesen Mahleffekt nutzen sich die Oberflächen immer wieder ab. Die Zähne eines Meerschweinchens befinden sich ständig im Wachstum. Selbst abgebrochene Schneidezähne wachsen sehr schnell wieder nach. Tiere, die eine gravierende Zahnfehlstellung aufweisen, sollten nicht zur Zucht eingesetzt werden.

Der Geschmackssinn

Ob Meerschweinchen verschiedene Geschmacksrichtungen unterscheiden können, ist schwer nachzuweisen. Unterschiede im Fressverhalten sind aber durchaus vorhanden. Einige Tiere verschmähen manchmal die eine oder andere Futterart. Bittere oder sauer schmeckende Nahrung scheint nicht so gut anzukommen. Oft schafft hierbei aber die Gruppendynamik schnell Abhilfe. Beginnt ein Tier der Gruppe zu fressen, werden oft die anderen Tiere zum Mitfressen verleitet.
Des Weiteren ist bei manchen Frischfutterarten zu beobachten, dass sich nach längerer Verabreichung eine gewisse Fressunlust bei den Tieren einstellt. In diesem Fall wechselt man einfach auf eine andere Frischfutterart. Eine Futterart kommt bei Meerschweinchen immer an: Möhren!

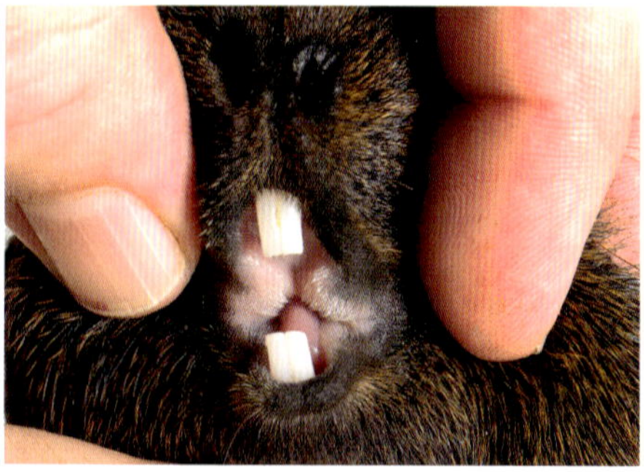

Die Zähne eines Meerschweinchens wachsen ständig weiter.

Die Lautsprache

Meerschweinchen benutzen eine Vielzahl von Lauten. Sie verständigen sich mit dieser Art von Sprache und erkennen sich daran. Die Bandbreite der Lautäußerungen geht hierbei über ein aggressives Klappergeräusch bis hin zu einem wohl klingenden Pfeifen (Gesang). Alle Tiere in einer Gruppe bzw. in einem Stall scheinen dem „Gesang" total entspannt zu lauschen. Sie verhalten sich selbst hierbei völlig ruhig. Ein Züchter, der dies einmal erlebt hat, wird beeindruckt sein und diesen Moment kaum vergessen.

Die Kaudaldrüse

Die Kaudaldrüse befindet sich wenige Millimeter oberhalb des Afters. Sie produziert Duftstoffe. Die Drüse der Männchen ist stärker ausgeprägt als diejenige der Weibchen. Die Drüse neigt zu Verklebungen aus Sekret, Pigmenten und Haaren. Regelmäßige Pflege ist sehr wichtig. Eine total verschmutzte Kaudaldrüse wird bei einer Show nicht toleriert.

Die Perinealtasche

Böcke besitzen eine Perinealtasche, diese liegt im Genitalbereich. Sie enthält die innen liegende Perinealdrüse und dient zur Absonderung von Duftstoffen. Männchen setzen sie besonders intensiv beim Balzverhalten ein. Der Geruch ist sehr stark und wird auch vom Menschen sofort wahrgenommen. Oft lagern sich hier starke Verschmutzungen an. Regelrechte Klumpen können dann entstehen. Die Perinealtasche ist daher regelmäßig zu säubern. Am einfachsten und schnellsten geht das mit Papiertüchern oder Wattestäbchen und etwas Babyöl.

Die Schweißdrüsen

Meerschweinchen besitzen nur unter den Fußsohlen Schweißdrüsen. Die Tiere regulieren ihre Körpertemperatur über die Atmung. Ihr Fell und ihr kompakter Körperbau schützen sie sehr gut vor Kälte. Die Durchschnittskörpertemperatur liegt zwischen 37,5 und 39,5 °C.
Was bei Kälte sehr gut ist, ist bei Wärme riskant, denn Meerschweinchen sind sehr anfällig für einen Hitzschlag. Aus diesem Grund haben sehr kleine Häuser in Meerschweinchenkäfigen – besonders im Sommer – nichts zu suchen. Schatten- und schutzspendende Unterstände sind viel besser geeignet. Abkühlung im Notfall erreicht man, indem man die Tiere auf eine kühle Unterlage setzt. Sehr gut eignen sich dafür flache, kalte Steine.

Das Herz

Das Herz eines Meerschweinchens besitzt den gleichen Aufbau wie das Herz eines Menschen mit zwei Vor- und zwei Hauptkammern. Im Gesamtverhältnis ist das Herz eines Meerschweinchens sehr groß. Die rechte Vorkammer ist hierbei größer als die linke. Durch die sehr hohe Herzfrequenz sind Meerschweinchen recht anfällig für Herzinfarkte.

Das Skelett

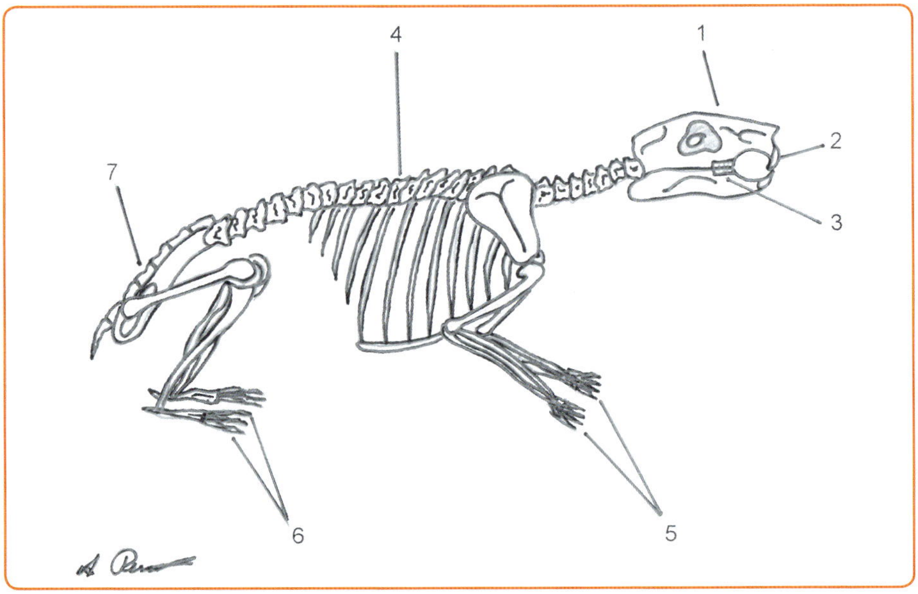

Das Skelett eines stehenden Meerschweinchens

1. Nasenbein bzw. Schädel
2. 4 Schneidezähne
3. 16 Backenzähne
4. Wirbelsäule von Hals und Körper (7 Hals-, 12 Brust-, 6 Lenden-, 4 Kreuzbeinwirbel)
5. Vorderpfoten, 4 Zehen
6. Hinterfüße, 3 Zehen
7. Wirbelsäule an der Hinterhand (7 Schwanzwirbel)

Meerschweinchen haben 9 bis 11 Rippenpaare und 4 Fleischrippen. Männliche Tiere besitzen einen Penisknochen. Der Schwanzfortsatz ist äußerlich nicht sichtbar. Bei einigen Tieren ist er länger und gut zu ertasten. Insgesamt haben Meerschweinchen etwa 260 Knochen.

Die Leber

Die Leber liegt neben dem Magen in der Bauchhöhle und ist recht stark gelappt. Sie neigt sehr schnell zur Verfettung. Daher ist besonders auf eine richtige Ernährung zu achten. Tierische Eiweiße dürfen gar nicht gefüttert werden. Sie belasten die Leber sofort. Dies führte zu Zeiten, als das Pelletfutter noch mit tierischem Eiweiß geklebt wurde, bei schwangeren Weibchen nicht selten zu einer Trächtigkeitstoxikose (siehe Seite 38).

Milz und Nieren

Die Milz eines Meerschweinchens ist oval und sehr flach. Sie ist mit der linken Niere verbunden. Meerschweinchen neigen leider sehr schnell zu Harngrieß und Nierensteinen. Die Ursache ist meist ein falsches Verhältnis von Kalzium zu Phosphor bei der Fütterung. Zu empfehlen ist Kalzium: Phosphor = 1,5 : 1.

Magen und Darm

Ein Meerschweinchen zermahlt sein Futter sehr ausgiebig. Der eingespeichelte Futterbrei wird über die Speiseröhre in den Magen gedrückt. Ein Meerschweinchen besitzt einen sogenannten Stopfmagen bzw. Stopfdarm. Der Transport des Futterbreis wird hauptsächlich durch nachgeschobenes neues Futter erreicht. Die geringe Muskulatur des gesamten Verdauungstraktes spielt hierbei eine untergeordnete Rolle. Nach dem Magen mit etwa 25 ml Fassungsvermögen folgt der Zwölffingerdarm (Duodenum, etwa 12 cm), der Leerdarm (Jejunum, etwa 135 cm) und der Krummdarm (Ileum, etwa 2 bis 5 cm). Ihm folgt der Abzweig in den Blinddarm (Caecum, etwa 15 cm) sowie den Dickdarm (Kolon, etwa 80 cm). Die Gesamtlänge des Darms beträgt etwa 2,35 m. Der Speisebrei benötigt ungefähr fünf Tage, um den Verdauungstrakt zu durchlaufen.

Die Behaarung

Die Tasthaare

Alle Meerschweinchen besitzen im Bereich der Schnauze sowie an den Kopfseiten mehrere Tasthaare (Vibrissen). Sie dienen als Orientierungshilfe im Dunkeln. Hierbei ist es nicht von Bedeutung, ob die Tasthaare glatt, gewellt oder gedreht sind. Selbst Tiere, die ihre Tasthaare kurzzeitig komplett verloren haben, zum Beispiel wenn sie von einem anderen Gruppenmitglied abgefressen wurden, zeigen keine Verhaltensauffälligkeiten.

Das Fell

Das Meerschweinchen ist am ganzen Körper behaart. Das Fellwachstum beginnt be-

Coecotrophie

Meerschweinchen haben, wie viele andere Nagetiere und Hasenartige auch, eine besondere Verwertung ihrer pflanzlichen Nahrung entwickelt. Bevor der normale, dunkle Kot in Form von kleinen, trockenen Ballen ausgeschieden wird, durchläuft ein Großteil der aufgenommen Nahrung zwei Verdauungsabläufe. Zunächst wird die Nahrung im Blinddarm bakteriell zersetzt und anschließend in Form des sogenannten Blinddarmkots ausgeschieden. Hierbei handelt es sich um feuchte, weiche und in Schleim eingehüllte Kügelchen (Coecotrophe), die vom Tier sofort wieder aufgenommen und verschluckt werden. Sie werden dann innerhalb von einigen Stunden im Magen weiter aufgeschlossen und schließlich völlig verdaut und die Reste als trockener Kot ausgeschieden.
Nur durch diesen Prozess können die Meerschweinchen ihren Körper ausreichend mit Nährstoffen und Vitaminen, besonders B-Vitaminen, versorgen. Verhindert man, dass ein Meerschweinchen den Blinddarmkot aufnehmen kann, führt dies innerhalb von kurzer Zeit zu Mangelerscheinungen und schweren Schädigungen.

Die Vibrissen dienen als Orientierungshilfe im Dunkeln.

Glatthaar mit Normalbehaarung (Erbformel: LL rhrh MM stst SnSn RxRx FzFz ChCh lulu)

Glatthaar mit Satinbehaarung (Erbformel: LL rhrh MM stst snsn RxRx FzFz ChCh lulu)

Glatthaar mit Satinbehaarung (Erbformel: LL rhrh MM stst snsn RxRx FzFz ChCh lulu)

reits in der 4. Woche als Embryo. Die Haareinpflanzung sollte immer so dicht wie möglich sein. Ausnahmen bilden die kleinen Kahlstellen an den Vorderfußinnenseiten, der Zitzenhof und die Stelle hinter den Ohren. Die Ober- und Unterseiten der Ohren sind kaum behaart. Augenlider und Fußsohlen sind unbehaart. Je nach Rasse muss das Fell eine bestimmte Beschaffenheit – wie Harschheit, Struktur, Elastizität, Lockung, Wellen, Glanz, Länge und Form – aufweisen. Meerschweinchen besitzen neben dem normalen Fell gröbere bzw. dickere Grannenhaare und machen, wie viele andere Tiere auch, einen ständigen Fellwechsel durch. Ihr Babyfell verlieren die Tiere in der Zeit vom 2. bis 3. Lebensmonat. Einzelne lose Haare sollten regelmäßig aus dem Fell entfernt werden. Somit vermeidet man eine zu starke Verschmutzung der Haut durch abgestorbene Hautschuppen. Diese Schuppen können dann einfach aus dem Fell herausfallen.

Haarstruktur

Bei den Haarstrukturen unterscheidet man zwischen Normal- und Satinhaaren. Der besondere Satinglanz des Fells ist darauf zurückzuführen, dass die innen massiveren Haarschäfte das einfallende Licht stärker reflektieren und die Fellfärbung so intensiver wiedergegeben wird. Beim Normalhaar mit hohlerem Haarschaft geschieht dies nicht. Der Satineffekt ist grundsätzlich in jeder Farbe und bei jeder Rasse möglich. Am eindrucksvollsten wirkt er bei den Tieren der Kurzhaarrassen der „Roten Reihe" (siehe Seite 137). Meerschweinchen, die mit Satinfell geboren werden, verlieren nach kurzer Zeit etwas ihren Glanz, bekommen ihn aber ab Erreichen der Geschlechtsreife langsam wieder zurück. Über die Vererbung der Haarstruktur wird im Kapitel „Vererbung" näher berichtet.

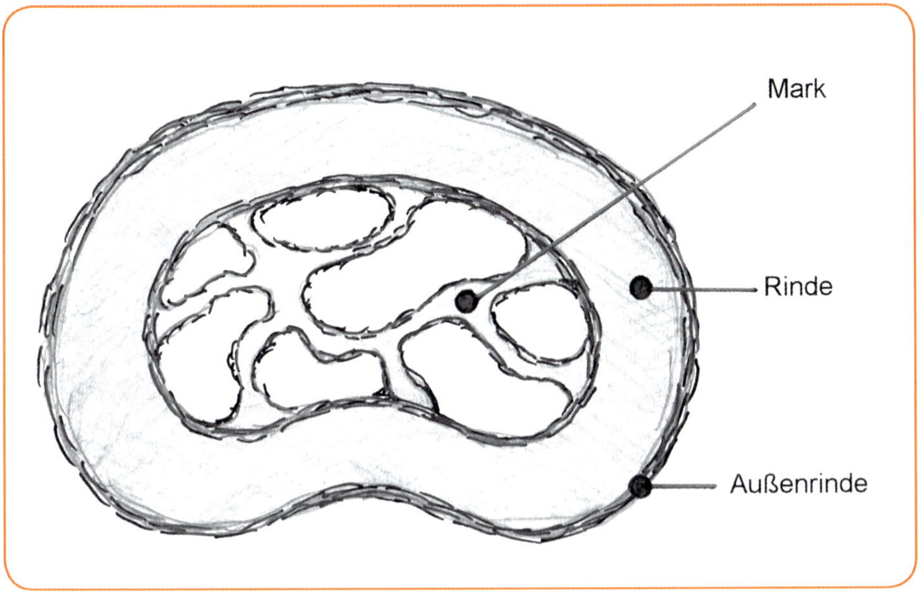

Querschnitt durch ein Normalhaar (SnSn)

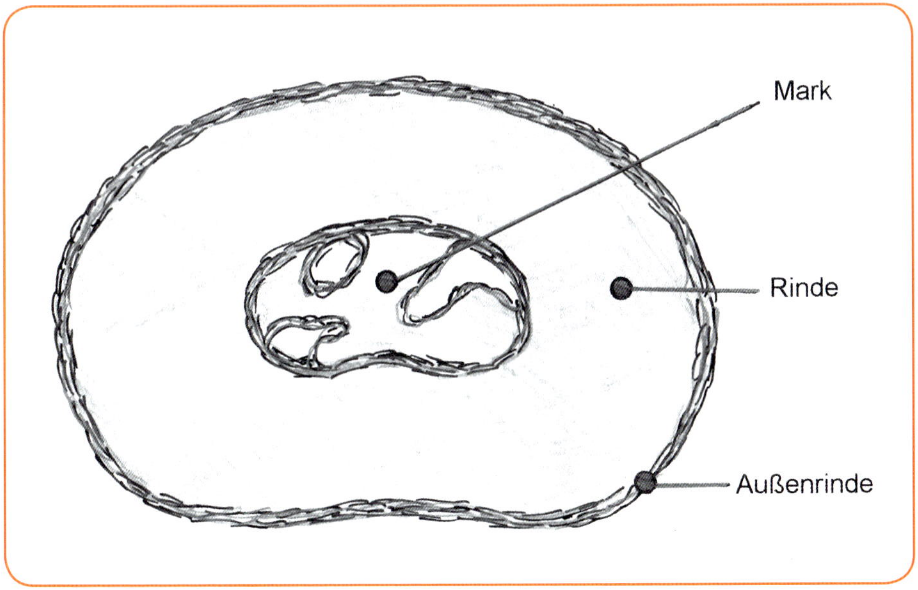

Querschnitt durch ein Satinhaar (snsn)

Ernährung

Für ein gesundes und kräftiges Meerschweinchen sind Vitamine und Mineralstoffe lebensnotwendig. Hierbei ist zu berücksichtigen, dass einige der Vitamine eine nur sehr kurze Wirkzeit besitzen. Sie zerfallen recht schnell. Deswegen achtet ein Züchter immer darauf, dass er seinen Tieren grundsätzlich frisches Futter anbietet. Da Meerschweinchen zwar sehr gern und gut fressen, der Magen aber nur ein begrenztes Fassungsvermögen besitzt, ist es von Vorteil, die Tiere öfter am Tag mit neuem Futter zu versorgen. So können die Tiere regelmäßig Vitamine und Mineralstoffe zu sich nehmen und ein guter Stoffwechsel entsteht. Die hierdurch gebildete eigene Körperabwehrkraft ist ein sehr wichtiger Schutz vor Krankheiten. Die Tiere selbst fressen 80- bis 100-mal am Tag.

Eines muss ein Züchter bei der Fütterung immer berücksichtigen: Die Versorgung der Tiere ist ganzheitlich zu sehen. Sie setzt sich aus Heu, Frischfutter, Trockenfutter und Wasser zusammen. Diese Kombination muss ausgewogen und passend sein.
Auf Knabberstangen, die viel zu viel Zucker enthalten, oder künstliche Drops sollte ganz verzichtet werden.

Vitamine

Die Vitamine, die ein Meerschweinchen benötigt, sind die Vitamine A, B, C, D, E, H, K und P. Hierbei unterscheidet man die fettlöslichen (A, D, E, K) und die wasserlöslichen (B, C, H, P) Vitamine. Damit die fettlöslichen Vitamine verwertet werden können, haben die meisten im Handel erhältlichen Meerschweinchenfutter einen Fettgehalt von 3 bis 3,5 %. Damit die wasserlöslichen Vitamine richtig verwertet werden können, muss den Tieren immer frisches Wasser – am besten in einer Trinkflasche – zur Verfügung stehen.

Auch Blüten gehören auf den Speiseplan von Meerschweinchen.

Es gibt Züchter, die ihre Tiere mit so viel Frischfutter versorgen, dass diese ohne Trinkwasser auskommen. Der Vorteil von Trinkwasser liegt aber darin, dass Vitamine aus dem Trockenfutter umgesetzt werden können, auch wenn kein Frischfutter mehr vorhanden ist. Außerdem wird mit der Aufnahme von Trinkwasser dem Auftreten von Nieren- und Blasensteinen vorgebeugt.

Vitamin A

A = Retinol
Das Vitamin A ist zuständig für den Stoffwechsel, das Körperabwehrsystem, die Augen, die Knochen, das Fell, die Schleimhäute, die Fruchtbarkeit und die Haut. Es tritt meistens als Karotin auf, eine Vorstufe von Vitamin A, und ist besonders im Frischfutter wie Möhren, Mais, Gras, Rote Bete, Löwenzahn sowie in pflanzlichen Samenölen enthalten. Ein gutes Trockenfutter sollte nicht mehr als 20.000 IE pro kg besitzen. Hiermit liegt Meerschweinchenfutter im Mittelbereich des Vitamin-A-Gehalts. (Kaninchenfutter liegt zum Beispiel bei einem Anteil von 6.000 bis 8.000 IE pro kg und Chinchillafutter bei 30.000 bis 35.000 IE pro kg.)

Das Auftreten von Vitamin-A-Mangel spiegelt sich oft in einer geringen Körpergröße und einer niedrigen Fortpflanzungsrate wieder. Die Gefahr einer Überdosierung ist sehr hoch. Folgende Symptome können dann beim Meerschweinchen auftreten:

- schuppige und juckende Haut
- dünne Behaarung (Haarausfall)
- Schwellung der Gelenke
- Vergrößerung der Leber
- Minderung der Fruchtbarkeit
- Missbildung der Babys
- Fehlgeburten

Vitamin B

B1 = Thiamin, B2 = Riboflavin, B3 = Niacin, B5 = Pantothensäure, B6 = Pyridoxin, B9 = Folsäure, B12 = Cobalamin
Die Vitamine der B-Reihe (B1, B2, B3, B5, B6, B9 und B12), sorgen für den Stoffwechsel, die Fellbeschaffenheit, das Wachstum, das Nervensystem, die Haut sowie den guten Verlauf einer Schwangerschaft und beugen Lähmungen vor. Auch andere lebenswichtige Aufgaben werden von den Vitaminen des B-Komplexes unterstützt:
B1 ist für den Kohlendydratstoffwechsel verantwortlich, B2 für Enzyme, B3 für einen Schutz vor Krebs, B5 ist verantwortlich für die Entgiftungsreaktion, B6 steuert den Eiweißstoffwechsel und die Bildung von Hormonen, die Blutgerinnung wird von B9 positiv beeinflusst und B12 sorgt für den Sauerstofftransport.
Da die Vitamine der B-Reihe im Grünfutter enthalten sind, gilt für sie das gleiche wie für das Vitamin A. Ausnahme ist das Vitamin B12. Es kommt ausschließlich in tierischen Produkten vor und kann bei Mangelerscheinungen dem Meerschweinchen in Form von Fischmehl oder Futterpulver mit Trockenfutter vermengt zugeführt werden. Die Besonderheit beim Vitamin B12 ist, dass das Meerschweinchen es selbst im Darm bilden kann und durch das Kotfressen aufnimmt. Ansonsten sind die Vitamine des B-Komplexes noch in Getreide, Kresse, Mangold, Melone, Endiviensalat, Petersilie, Spinat und Rote Bete enthalten. Bei einem extremen Vitamine-B-Mangel kann man Milch aus Milchpulverpräparaten den Tieren unter Zuhilfenahme einer kleinen Spritze oral verabreichen. Dies ist aber bei der Haltung mehrerer Tiere besonders zeitaufwendig und auch nur in Ausnahmefällen notwendig.
Keine Gefahr der Überdosierung.

Achtung!

Kaninchenfutter enthält meist kein Vitamin C und Chinchillafutter oft nur sehr wenig.

Vitamin C

C = Ascorbinsäure
Das Vitamin C unterstützt das Körperabwehrsystem und den guten Verlauf einer Schwangerschaft. Es beugt Lähmungen vor und verbessert die Fellbeschaffenheit. Vitamin C schützt die Schleimhäute und die Haut der Tiere vor Ungezieferbefall wie Milben und Haarlingen. Zusätzlich verhindert es das Auftreten von Lippengrind. Je nach den Umständen liegt der Tagesbedarf bei 20 mg für ein großes erwachsenes Tier. Das erste Problem bei der Zuführung von Vitamin C ist seine sehr kurze Haltbarkeit und seine Empfindlichkeit gegenüber Kupfer. Ein Trockenfutter mit zu hohem Kupfergehalt zersetzt das Vitamin C recht schnell, da hier das Metall als Katalysator wirkt. Aus diesem Grund ist beim Kauf des Trockenfutters, das beide Komponenten enthält, immer auf das Mindesthaltbarkeitsdatum zu achten. Die Lagerfähigkeit liegt deswegen bei einem guten Meerschweinchenfutter bei nur drei bis fünf Monaten.
Das zweite Problem beim Vitamin C ist, dass es im Körper nicht gespeichert werden kann und recht schnell wieder zerfällt. Da das Vitamin C das wichtigste Vitamin für ein gesundes und kräftiges Meerschweinchen ist, sollte ein guter Züchter alle Möglichkeiten ausschöpfen, seine Tiere optimal mit diesem zu versorgen. Ein sehr umständlicher Weg ist es hierbei, das Trinkwasser der Tiere mit Ascorbinsäure oder Multivitaminpräparaten zu ergänzen. Die Wirkung hält allerdings aufgrund der kurzen Zerfallzeit (Vitamin C ist nicht UV-beständig) nicht lange vor. Besser geeignet ist die Vitamin-C-Versorgung mit einem sehr guten Kraftfutter mit einem Mindestgehalt von 3.000 bis 4.000 mg pro kg.
Keine Gefahr der Überdosierung.

Die besten Vitamin-C-Lieferanten sind die verschiedenen Sorten des Frischfutters. Um sich einen Überblick über den Vitamin-

Hagebutte	5000 mg pro kg
Paprika rot	3400 mg pro kg
Paprika orange	3000 mg pro kg
Paprika gelb	2500 mg pro kg
Brennnessel	2000 mg pro kg
Petersilie	1750 mg pro kg
Paprika grün	1600 mg pro kg
Rosenkohl	1500 mg pro kg
Grünkohl	1200 mg pro kg
Chicorée	1150 mg pro kg
Brokkoli	1120 mg pro kg
Fenchel	950 mg pro kg
Blumenkohl	750 mg pro kg
Kiwi	710 mg pro kg
Orange	500 mg pro kg
Blattspinat	400 mg pro kg
Klee	400 mg pro kg
Mangold	380 mg pro kg
Löwenzahn	350 mg pro kg
Tomate	250 mg pro kg
Banane	120 mg pro kg
Endivie	100 mg pro kg
Apfel	100 mg pro kg
Schlangengurke	100 mg pro kg
Möhre	50 mg pro kg
Eisbergsalat	30 mg pro kg

C-Gehalt in mg pro kg Frischfutter zu verschaffen, dient die Tabelle auf S. 24. Achtung, bei allen Kohlsorten ist mit Blähungen zu rechnen! Sie sollten, wenn überhaupt, nur in sehr kleinen Mengen und sehr selten verabreicht werden. Es besteht ein recht hohes Durchfallrisiko.

Vitamin D

D = Cholecalciferol (oft als D3 im Futter)
Das Vitamin D ist wichtig für den Kalzium- und Phosphorstoffwechsel, einen kräftigen Knochenbau und die Kalkbildung (für die Zähne und deren Wachstum), den guten Verlauf einer Schwangerschaft und dient der Vorbeugung von Rachitis. Bei Sonnenbestrahlung wird das Vitamin D durch das ultraviolette Licht vom Meerschweinchen selbst gebildet. Zusätzlich sind im Meerschweinchenfutter 500 bis 1.000 IE pro kg enthalten. Kaninchenfutter enthält hingegen nur 350 IE pro kg und Chinchillafutter 600 IE pro kg.
Die Gefahr einer Überdosierung ist hoch. Folgende Symptome können dann beim Meerschweinchen auftreten:

- Kalkablagerungen, sie schädigen besonders Nieren und Herz
- Wachstumsstörungen
- auffälliger Gewichtsverlust
- Verstopfung (Blähbauch)

Vitamin E

E = Tocopherol
Das Vitamin E ist erforderlich für ein gutes Immunsystem, eine gute Muskulatur, ein schnelles Wachstum der Jungmeerschweinchen und fördert die Fruchtbarkeit von Zuchttieren. Im Regelfall reichen die im Kraftfutter enthaltenden 120 mg pro kg aus. Die im Kaninchen- bzw. Chinchillafutter enthaltenen 10 mg pro kg sind hingegen viel zu wenig. Sollte es trotzdem einmal zum Vitamin-E-Mangel kommen, ist dieser sehr gut mit dem Füttern von Haferkeimlingen, Getreidekeimen, Ölsaaten, Sesamkörnern oder grünen Pflanzen zu beheben. Die Gefahr einer Überdosierung ist sehr gering und bei normaler Fütterung kaum möglich. Folgende Symptome würden dann beim Meerschweinchen auftreten:

- Überbelastung der Leber (Trächtigkeitstoxikose)
- Durchfallerkrankung
- geringere Lebenserwartung

Vitamin H

H = Biotin
Das Vitamin H beugt der Entzündungsanfälligkeit vor und unterstützt das Wachstum der Krallen und des Fells sowie die Hautneubildung. Es ist auch für die Bildung von Fettsäuren notwendig. Es ist vor allem in allen Getreidearten wie zum Beispiel Haferflocken reichlich vorhanden. Keine Gefahr der Überdosierung.

Vitamin K

K = Koagulation (oft als K3/MNB im Futter)
Das Vitamin K regelt die Blutgerinnung und dient der Vorbeugung von Darmerkrankungen. Es tritt in fast allen Arten des Grünfutters und in Soja- oder Milchprodukten auf. Durch das Kotfressen der Meerschweinchen wird Vitamin K im Dickdarm selbst hergestellt. Daher ist die kleine Menge von 12 mg pro kg für ein erwachsenes Tier schon ausreichend.
Die Gefahr einer Überdosierung ist sehr gering und bei normaler Fütterung kaum möglich. Folgende Symptome würden dann beim Meerschweinchen auftreten:

- Über- und Unterschreitung der Grenzwerte im Blutbild
- schuppige und juckende Haut
- dünne Behaarung (Haarausfall)

Vitamin P

P = Flavonoide
Das Vitamin P unterstützt und fördert die Blutgerinnung. Zusätzlich ist es gefäßverstärkend und entzündungshemmend. In Zitrusfrüchten, Äpfeln, Paprika, Endivien und in grünen Pflanzen kommt es verstärkt vor. Aus diesem Grund schützt es auch Vitamin C vor dem Zerfall. Kleine Mengen sind selbst bei ausgewachsenen Tieren durchaus ausreichend.
Keine Gefahr der Überdosierung.

Mineralstoffe

Die Mineralstoffe sind meist zusammengefasst unter dem Begriff Rohasche auf dem Futtersack aufgeführt. Einige von ihnen werden aufgrund ihrer Menge separat aufgelistet. Hierunter fallen Kalzium, Chlor, Eisen, Fluor, Jod, Kalium, Kobalt, Kupfer, Magnesium, Mangan, Natrium und Phosphor. Die Mineralien sind zwar genauso lebensnotwendig wie die Vitamine, werden aber in bedeutend kleineren Mengen verabreicht.

Frischfutter ist wichtig, um das Meerschweinchen mit allen wichtigen Vitaminen zu versorgen.

Kalzium und Phosphor
Die Mineralien Kalzium und Phosphor sind im richtigen Verhältnis (1,5 : 1) zuständig für eine gute Kalkbildung im Körper eines Meerschweinchens und somit wichtig für den Skelettaufbau. Dieses Verhältnis kann sehr leicht aus dem Gleichgewicht geraten und schlimme Folgen für die Tiere haben. Ein zu hoher Kalziumgehalt im Futter kann recht schnell zur Bildung von Harnstein bzw. Harngrieß führen.

Eisen und Kupfer
Die Mineralien Eisen und Kupfer sind notwendig für die Bildung roter Blutkörperchen und dienen dem Transport von Sauerstoffteilchen im Blutkreislauf eines Meerschweinchens. Achtung: Zu viel Kupfer zerstört das Vitamin C im Futter. Manche Futterzusatzpräparate werden deshalb kupferfrei angeboten.

Mangan
Das Mineral Mangan fördert die Fruchtbarkeit der Tiere und unterstützt das sehr empfindliche Nervensystem der Meerschweinchen.

Natrium
Das Mineral Natrium unterstützt den Blutkreislauf eines Meerschweinchens. Ein Überangebot führt zu Bluthochdruck und zu Herz- bzw. Nierenerkrankungen. Auf das Angebot von Salzlecksteinen sollte deshalb verzichtet werden.

Futter mit hohem Kalziumgehalt

Luzerne	8000 mg pro kg
Klee	3800 mg pro kg
Hagebutte	2800 mg pro kg
Petersilie	2500 mg pro kg
Leinsamen	2100 mg pro kg
Brennnessel	2000 mg pro kg
Löwenzahn	1750 mg pro kg
Fenchel	1200 mg pro kg
Brokkoli	1100 mg pro kg
Mangold	1000 mg pro kg

Futter mit hohem Phosphorgehalt

Leinsamen	7000 mg pro kg
Hagebutte	2800 mg pro kg
Luzerne	2500 mg pro kg
Petersilie	1400 mg pro kg
Mais	1000 mg pro kg
Brokkoli	900 mg pro kg
Löwenzahn	750 mg pro kg
Klee	700 mg pro kg
Brennnessel	650 mg pro kg
Endivien	550 mg pro kg

Jod

Das Mineral Jod fördert den Stoffwechsel der Tiere und wirkt sich positiv in der Schwangerschaft und bei der Aufzucht der Jungen aus sowie auf die Funktion der Schilddrüse.

Fluor

Das Element Fluor hat positiven Einfluss auf die Härte der Knochen und die Zahnsubstanz. Minimale Dosen reichen allerdings aus.

Heu

Das wohl wichtigste Trockenfutter für ein Meerschweinchen ist das Heu. Es ist Ballaststofflieferant und besonders wichtig für eine gute Darmkultur. Es besitzt mehr Energie und Protein als eine gleichgroße Menge frisches Gras. Dies liegt am Trocknungsprozess, durch den Kräuter und Pflanzen, die im frischen Zustand für ein Meerschweinchen nur schwer bekömmlich sind, leichter verdaulich werden. Insgesamt gesehen ist Heu allerdings recht energiearm. Ein guter Züchter achtet stets darauf, grünes und würzig riechendes Heu zu bekommen. Denn nur in diesem Heu sind noch alle wichtigen Bestandteile enthalten. Verregnetes, schlecht riechendes Heu ist oft schimmelig und mit Milben und anderen Parasiten durchsetzt. Stauben sollte es auch nicht.

Kein Stroh füttern!

Stroh besitzt nur einen sehr geringen Nährwert und kann bei Meerschweinchen böse Augenverletzungen hervorrufen. Verursacht wird dies durch die Grannen bei Roggen- und Gerstenstroh sowie spitzen Halmenden. Es sollte daher nicht gefüttert werden.

Im Normalfall sollte ein Meerschweinchen den ganzen Tag Zugang zum Heu haben. Dies erreicht man durch eine Heuraufe, die aber so engmaschig und abgeschirmt sein sollte, dass die Tiere nicht hineinspringen können, da es sonst unter Umständen zu Knochenbrüchen und Verstauchungen kommen kann. Eine weitere Möglichkeit ist es, immer genügend Heu in loser Form in den Käfig zu legen. Hierbei ist der Verbrauch natürlich wesentlich höher. Älteres

Achtung!

Man kann ein Meerschweinchen sehr schnell mit zu reichhaltigem Futter überpowern. Der Spruch „Viel hilft viel" stimmt hierbei auf keinen Fall.

Heu bleibt nach einiger Zeit auf dem Boden liegen und wird von den Tieren nicht mehr gefressen.
Der erste Schnitt ist meistens energiereicher als der zweite. Die Güte des Heus ist aber nicht nur davon abhängig, ob es sich um den ersten oder zweiten Schnitt handelt. Das Wetter, der Boden und die Bestandteile verändern die Qualität wesentlich mehr. Verfüttert werden darf Heu erst ab etwa sechs bis acht Wochen nach dem Pressen.

Trockenfutter

Als Trockenfutter sollte ein Züchter ein spezielles Meerschweinchenfutter verwenden. Dieses Spezialfutter besteht aus gepressten Futterbestandteilen, den sogenannten Pellets. Diese beugen einer einseitigen Ernährung vor, die des Öfteren beim Füttern von Alleinfutter auftritt. Meerschweinchen suchen sich meist nur die wohlschmeckenden Futterstücke heraus und lassen andere wichtige Nährstoffe ungenutzt liegen.
Eine weitere Gefahr verbirgt sich in den Schalen von Sonnen- oder Kürbiskernen, die Bestandteile mancher Mischfutter sind und ein Meerschweinchen eigentlich nicht benötigt. Im Gegensatz zu einem Hamster oder Streifenhörnchen verschluckt es die Schalen mit. Darmverletzungen und Zahnprobleme durch sich einklemmende Schalenbestandteile können die Folge sein.

Eine andere Gefahr verbirgt sich in manchem üblichen Kaninchenfutter. In einigen dieser Futtermischungen sind Medikamente enthalten, die eine Kokzidiose bei Kaninchen unterdrücken sollen und bei längerer Einnahme sehr schädlich für ein Meerschweinchen sind.
Beim Kauf des Kraftfutters achtet ein Züchter immer auf das Mindesthaltbarkeitsdatum, da sich das im Futter enthaltende Vitamin C recht schnell zersetzt und seine Wirkung verliert. Die Mindesthaltbarkeit setzt natürlich hygienische, trockene und sachgerechte Lagerung voraus. Möchte man ein solches Futter noch

Bestandteile eines Meerschweinchenkraftfutters

Rohprotein	15,0 bis 20,0 %
Rohfaser	12,0 bis 16,0 %
Rohasche	7,0 bis 8,5 %
Rohfett	3,0 bis 3,5 %
Kalzium	1,0 %
Phosphor	0,5 %
Natrium	0,2 %
Kupfer	12 mg
Eisen	65 mg
Zink	65 mg
Mangan	50 mg
Jod	1 mg
Vitamin A	16.000 bis 20.000 IE
Vitamin B1	5 mg
Vitamin B2	5 mg
Vitamin B6	5 mg
Vitamin B12	0,04 mg
Vitamin C	3.000 bis 4.000 mg
Vitamin D3	500 bis 1.000 IE
Vitamin E	40 bis 80 mg
Vitamin K3	5 mg

qualitativ verbessern, kann man diesem noch Haferflocken, Johannisbrot, gewalzte Erbsen, Maisflocken, Luzerne und Mineralpulver zufügen.
Pellets sollten immer zur Verfügung stehen, denn ein Meerschweinchen sollte nie hungern.
Es ist sinnvoll, schwere Futternäpfe mit flachen Böden zu verwenden. Diese können nicht so leicht von den Tieren umgestürzt werden und halten das Futter gut zusammen.

Frischfutter

Unter Frischfutter fallen einige Gemüsesorten, Salate, Kräuter, Blüten und Obst. Zur sinnvollen Futterergänzung sollte man täglich seinen Tieren Frischfutter zur Verfügung stellen. Hierbei ist zu beachten, dass das angebotene Futter frei von Pestiziden oder Verunreinigungen ist. Die Futtermenge ist so zu rationieren, dass Blähungen und Durchfall nicht auftreten.

Gemüse und Salat
Brokkoli, Chicorée, Eisbergsalat, Endiviensalat, Fenchel, Gurke, Hagebutten, Mais, Mangold, Möhren, Paprika, Rote Bete, Runkeln, Salate, Sellerie, Tomaten.

Blüten
Gänseblümchen, Goldrute, Kapuzinerkresse, Ringelblume, Rosenblüten, Sonnenblume.

Obst
Apfel, Aprikose, Banane, Birne, Erdbeere, Kiwi, Mandarine, Mango, Mirabelle, Nektarine, Orange, Pfirsich, Pflaume, Wassermelone.

Da Obst sehr zuckerreich ist, sollte es nicht zu oft angeboten werden. Zusätzlich neigt Obst dazu, schnell zu schimmeln. Daher ist es am besten, es einen Tag vor dem Misten anzubieten. Damit ist sichergestellt, dass es auf keinen Fall zu lange irgendwo im Käfig verbleibt.

Achtung!

Blüten und Obst sollten nicht mit Pestiziden besprüht worden sein.

Gräser und Kräuter
Huflattich, Kreuzkraut, Löwenzahn, Petersilie, Schafgarbe, Vogelmiere, Wegerich, Wiesengras.

Achtung!

Alle Kräuter sind sehr kalziumreich, daher ist die Gefahr einer Überdosierung relativ groß. Harngrieß und Harnsteine können die Folge sein. Zusätzlich besteht die Gefahr von Übertragungen von Krankheiten beim Verfüttern von gesammelten Gräsern und Kräutern.

Solch ein Flockenmix kann als Ergänzung dem Trockenfutter beigefügt werden.

Obst wird immer gern genommen.

Für Meerschweinchen giftige Pflanzen

Züchter, die selbst Frischfutter zusammenstellen oder Pflanzen auf Wiesen sammeln, sollten immer besonders darauf achten, keine giftigen Pflanzen zu verabreichen.
Giftig für Meerschweinchen sind:
Aronstab, Akazie, Akelei, Azalee, Besenginster, Bingelkraut, Buchsbaum, Butterblume, Christrose, Dieffenbachie, Efeu, Eibe, Echter Erdrauch, Engelstrompete, Feuerbohne, Fingerhut, Gnadenkraut, Goldregen, Herbstzeitlose, Herkuleskraut, Hirtentäschel, Immergrün, Jakobskreuzkraut, Kartoffelpflanze, Kirschlorbeer, Korallenkirsche, Krokus, Lupinen, Maiglöckchen, Mohn, Nachtschattengewächse, Oleander, Rote Pimpernelle, Schierling, Schöllkraut, Stechapfel, Tabak, Tollkirsche, Tomatenpflanze, Tulpenblüten, Wandelröschen, Wasserschierling, Wolfsmilchgewächse, Zaunrübe, Zeitlose, Zwiebelgewächsblüten.
Eine Sonderstellung bei der Fütterung nimmt der Bärlauch ein. Er enthält zwar eine Menge an Vitamin C, ist aber für Hamster, Kaninchen und Meerschweinchen giftig.

Achtung!

Braune Algen sind sehr schädlich.

Wasser

Meerschweinchen benötigen stets Zugang zu frischem Wasser, das am besten in einer mit einem Kugelventil oder Nippelventil versehenen Trinkflasche angeboten wird. Offene Wassergefäße werden sehr schnell durch Heu oder Kot verunreinigt und sind somit ungeeignet. Ein großer Vorteil dieser Trinkflaschen liegt darin, dass sie die Stallunterlage und die Einstreu trocken halten.
Das Wasser in der Trinkflasche sollte möglichst täglich gewechselt werden, es sei denn, eine Verabreichung von Medikamenten erfordert einen anderen Rhythmus. Durch Lichteinwirkung bilden sich in den Trinkflaschen Algen, die sich am Flaschenrand absetzen. Auch diese grünen Algen müssen regelmäßig mit einer Flaschenbürste entfernt werden.
Eine weitere Gefahr verbirgt sich in den Rohrleitungen einer Trinkanlage. In Toträumen besteht die Möglichkeit der Bildung von Bakterien (Legionellen). Eine regelmäßige Reinigung und Wartung ist hier selbstverständlich Pflicht.

Krankheiten

Wie alle Lebewesen werden auch Meerschweinchen ab und zu einmal krank. Je eingefahrener und konstanter der Tierbestand in einer Stallanlage ist und je weniger Umstellungen und Veränderungen das Gleichgewicht und das Stallklima durcheinander bringen, desto weniger Krankheiten treten auf.

Häufig ist der Aufbau einer Zucht zugleich auch das Schwierigste. Eine Krankheitswelle rollt über die angeschafften Tiere. Hier treffen mehrere Faktoren aufeinander:

- kein eigenes gefestigtes Stallklima
- mehrere Tiere aus verschiedenen fremden Stallanlagen mit ihren eigenen Stallkulturen
- Unerfahrenheit des Zuchtanfängers
- Ungeduld

Um dies zu vermeiden, ist es ratsam, seine Linie langsam und sorgfältig aufzubauen. Leider erlebt man oft das Gegenteil. Begeisterte Anfänger suchen im Internet und kaufen bei einer Vielzahl von Züchtern sehr viele Tiere. Ein Kulturenoverkill kommt im Stall zusammen und die ersten Krankheiten brechen aus. Das muss aber nicht sein. Behutsamkeit und Zeit sind der bessere Weg – vor allem für die Tiere.

Über die Jahre hinweg wird es trotz aller Sorgfalt nicht zu vermeiden sein, dass ein Meerschweinchen auch einmal von einer Krankheit heimgesucht wird. Richtiges und schnelles Handeln ist hierbei besonders wichtig. Ein Meerschweinchen besitzt nur wenig Abwehrkräfte, daher gilt es immer sofort zu handeln.

Man geht im Allgemeinen davon aus, dass es fünf verschiedene Möglichkeiten der Ansteckung bzw. Erkrankung gibt. Dies sollte man immer mal wieder abfragen, um für die Tiere alles berücksichtigt zu haben.

Möglichkeit Nr. 1:
Ein Tier steckt das andere auf direktem Weg über Tröpfchenbildung in der Atemluft an. Dabei ist es gleichgültig, ob es sich um Tiere der gleichen Rasse handelt oder nicht. Ansteckungen durch andere Tierarten wie Mäuse, Ratten, Katzen, Kaninchen, Hunde oder durch Menschen können ebenfalls auftreten. Eine der häufigsten Ansteckungen ist hierbei die Übertragung einer Bindehautentzündung vom Mensch aufs Meerschweinchen.

Auch der umgekehrte Fall kann gelegentlich auftreten. Ein Beispiel ist eine Pilzerkrankung (Trichophytie), die vom Meerschweinchen auf den Menschen übertragen wird. Hierbei entsteht eine kreisrunde, etwa 2 Euro große, gerötete Hautstelle. Diese ist etwas erhaben und zeigt einen gleichfalls erröteten Innenhof. Dieser Pilz kann überall ausschlagen und muss mit

Ein gesundes Meerschweinchen ist aufgeweckt und neugierig.

Wichtig!

Medikamente, die Penicillin, Streptomycin, Amoxicillin, Tylosin und Erythromycin enthalten, sind tödlich für Meerschweinchen. Sie lösen die Darmwände auf und zerstören sie.

einer Pilzsalbe behandelt werden. Er verschwindet dann bereits nach wenigen Tagen wieder. Ein Besuch beim Hautarzt ist anzuraten.

Möglichkeit Nr. 2:
Einige Krankheiten werden durch Bakterien, Milben, Flöhe, Läuse, Würmer und andere Parasiten oder Insekten übertragen. Besonders gefährlich sind Fliegenmaden.

Möglichkeit Nr. 3:
Ein weiterer ernst zu nehmender Krankheitsübertragungsweg ist die Futteraufnahme. Hierbei können Pilzsporen durch feuchtes oder schimmeliges Futter genauso der Auslöser sein wie auch die Einnahme von giftigen Bestandteilen auf gespritztem Obst oder Salat.

Möglichkeit Nr. 4:
Es gibt auch Krankheiten, die ohne eine Infektion oder Übertragung entstehen. Hierunter fallen Allergien, Krebs, Blasensteine, Nierensteine, Mangelerscheinungen, Toxikosen, Schlaganfälle, Infarkte. Hierzu zählen im weitesten Sinne auch Verletzungen, Knochenbrüche, Verstauchungen, Schnittwunden usw.

Möglichkeit Nr. 5:
Eine weitere Ursache ist das Zusammentreffen erblicher Fehler. Hierunter fallen zum Beispiel Zwergwuchs, Missbildungen, Fußanomalien oder Zahnfehlstellungen.

Durch sorgfältigen Umgang mit den Tieren, die Einhaltung von Quarantänezeiten bei Neueinkäufen (etwa drei bis vier Wochen) sowie eine richtige Ernährung und Haltung können die meisten Krankheiten und Verletzungen vermieden werden. Kommt es doch einmal zu einem Krankheitsfall, hängt der Genesungserfolg davon ab, wie früh die Symptome einer Krankheit erkannt werden und die Behandlung beginnt.
Um erkrankten Tiere so schnell wie möglich helfen zu können, ist eine Stallapot-

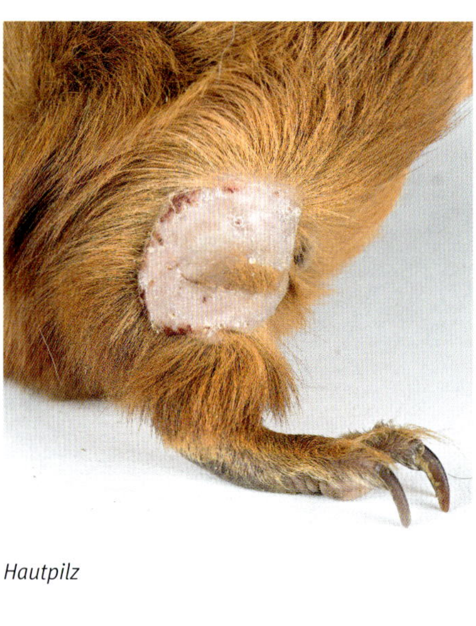

Hautpilz

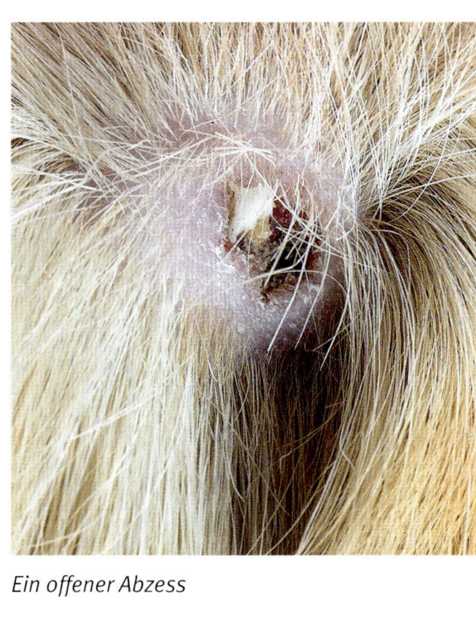

Ein offener Abzess

heke von großem Nutzen. In einer solchen Apotheke sollten die im Folgenden aufgeführten Arzneien enthalten sein und gegebenenfalls regelmäßig erneuert werden.

Stallapotheke für Meerschweinchen

- Augentropfen (zur Behandlung von Augenentzündungen)
- Augensalben (zur Behandlung von Augenentzündungen bzw. Augenverletzungen)
- Ohrentropfen (zur Behandlung von Ohrentzündungen)
- Ohrenstäbchen (für Reinigungszwecke)
- Abführmittel (bei Verstopfung)
- Stuhlhemmer (bei Durchfall)
- Wund- bzw. Heilsalbe (für Verletzungen)
- Sprühpflaster (zur Blutstillung)
- Ungezieferpuder (bei Parasitenbefall)
- Breitbandantibiotikum (bei Fieber, Schnupfen usw.)
- Multivitaminpräparat (bei Mangelerscheinungen)
- Gummihandschuhe (zur sterilen Behandlung im Bedarfsfall)
- Babyöl (zum Säubern)

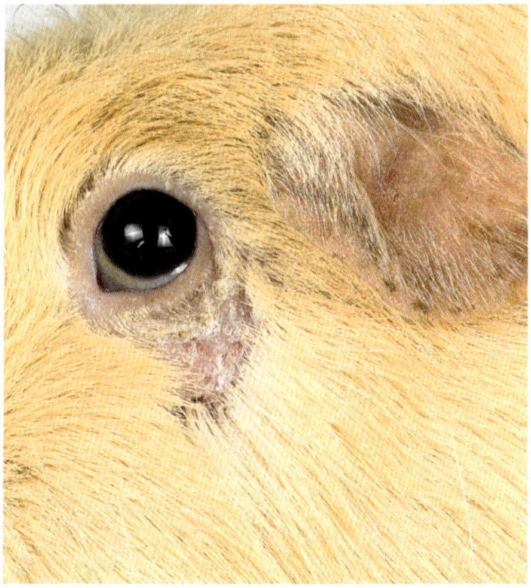

Grabmilbenbefall

- Kamm/Bürste (zum Säubern)
- Nagelknipser (zum Kürzen der Krallen)
- Schere/Bürste (für das Entfernen von Haarknoten)

Erkrankungen der Meerschweinchen

Zur sicheren Diagnosestellung und Behandlung ist der schnellstmögliche Besuch bei einem kompetenten Tierarzt unumgänglich. Um diesem hilfreiche Hinweise geben zu können und auftretende Symptome selbst schnell zu erkennen, ist es sehr wichtig, einiges über Krankheiten zu wissen. Tierarzt und Züchter bzw. Meerschweinchenhalter sollten als Team agieren.
Aus diesem Grund werden in der folgenden Tabelle die häufigsten Verletzungen und Krankheitsfälle mit ihren Namen, Symptomen, Ansteckungswegen, Heilungschancen und Therapien in alphabetischer Reihenfolge aufgeführt.
Diese Liste ist eine auf jahrelange Erfahrung beruhende Zusammenfassung. Sie ersetzt nicht die Arbeit und das Fachwissen eines guten Tierarztes, der sich im Besonderen mit Meerschweinchen beschäftigt und auskennt. Sie soll aber eine Unterstützung sein, um einem Meerschweinchen schnell und gezielt helfen zu können.

Krankheit	Symptome	Infektionsgefahr	Inkubationszeit	Behandlungsmöglichkeiten	Heilungschancen
Abszesse	Schwellungen, Verdickungen unter der Haut (oft am Hals)	–	–	vom Tierarzt öffnen lassen, Zink-Lebertran-Salben; Arnica	gut
Allergien	Juckreiz, Schnupfen, geschwollene Augen, Rötung der Haut	–	–	je nach Ursache	mäßig
Alopezie (Haarausfall)	häufiges Kratzen, kreisrunder Haarausfall	–	–	Multivitaminpräparate, Ausgewogene Ernährung, Vermeidung von Stress, Ruhe	gut
Anorexie	Gewichtsverlust, Dehydration	–	–	Multivitaminpräparate, Anabolika, Infusion, Vermeidung von Stress, ausgewogene Ernährung	gut
Arthrose	Bewegungsunlust, Schmerzen bei Berührung, gekrümmte Gelenke	–	–	Caulophyllum, Lachnanthes, Medorrhinum	keine
Augenentzündungen	trübes Auge, geschwollene Augenlider, verklebte Augen	ansteckend	4 bis 14 Tage	Antibiotika, Cortison, Vitamin C Apis mellifica, Belladonna	gut
Augenverletzungen	Risswunden im Augenlid, trüb, geschwollene Augenlider	–	–	Heilsalben, sofortiges Feuchthalten des Auges, Ruta graveolens	gut
Augenverlust	Bisswunden, Fremdkörpereinwirkung	–	–	Auge ist durch einen Tierarzt zu entfernen	gut
Ballenentzündungen	Schwellungen, häufiges Liegen der Tiere	–	–	Salben, Zink-Lebertran-Salben, weiche Einstreu	gut, aber langwierig
Blasen- und Nierensteine	Hockstellung und Schmerzlaute beim Urinieren, rötlicher Harnfluss	–	–	Operation, Antibiotika, Steinzertrümmerung; Rubia tinctorum, Pulsatilla, große Mengen Flüssigkeit	mäßig
Bordetelleninfektion	Keuchen, eitriger Schnupfen, verklebte Augen, Appetitlosigkeit	hoch ansteckend	5 bis 50 Tage	Antibiotika, Sulfonamide	gering
Brachydaktylie	Verkürzung oder Missbildung der Krallen oder Zehen	vererbt	–	keine	keine; Euthanasie je nach Schwere
Kalziummangel	Abbrechen der Schneidezähne bzw. gelbliche Zähne	–	–	Kalzium; frisches, grünes Heu; Luzerne	gut
Cavialähme (Meerschweinchenlähme)	Lähmung der Hinterhand, Krämpfe, erhöhte Temperatur, Kotstau	hoch ansteckend	8 bis 24 Tage	keine; Quarantäne, Desinfizieren der Stallbehausungen	keine; Euthanasie

Diplokokkenseuche (Streptokokken)	Abmagerung, Schnupfen, Entzündung der Atemwege bzw. Rachen	hoch ansteckend	7 bis 24 Tage	Antibiotika, Desinfizieren der Stallbehausungen, Vitamine A, B, E und C	gering
Durchfall	breiiger Kot, Abmagerung, Dehydrierung	eventuell	eventuell	Kohletabletten, Bird Bene-Bac, Desinfizieren der Stallbehausungen; Digitalis, Ginseng, Spigelia, Taraxum (Löwenzahn), Terebinthina	gut
Erblindung	Augenschwellung, Augentrübung	–	–	Augensalben bzw. -tropfen, Operation	keine; Tiere kommen meist damit zurecht
Fieber	erhöhte Temperatur, Appetitlosigkeit	–	–	Antibiotika; Absinthum, Euphorbium, Stramonium, Veratrum album	gut
Flechte	häufiges Kratzen, blutige Wunden, Schorfstellen, Haarausfall	übertragbar, auch auf den Menschen	bis zur Genesung	Baden, Heilsalben, Desinfizieren der Stallbehausungen; Borax, Hepa sulfuris, Mezereum, Psorium	mäßig
Flohbefall	häufiges Kratzen, Flöhe sitzen auf der Haut und im Fell	übertragbar	bis zur Genesung	Ungezieferpuder oder -spray, Desinfizieren der Stallbehausungen; Borax, Belladonna, Bellis perennis, Hepar sulfuris, Phosphorus	sehr gut
Frühgeburten	Geburt erfolgt vor dem 64. Schwangerschaftstag	–	–	bei Apathie der Mutter Antibiotika; Plumbum	gut
Geburtsstockung	Unterbrechung des Austreibungsvorgangs	–	–	Massage, Wehenverstärker, Herausziehen des Tieres; Pulsatilla	gut
Geschwüre	eitrige Stellen, Beulen unter der Haut	eventuell	eventuell	Herausschneiden durch den Tierarzt, Zink-Lebertran-Salben; Hepar sulfuris, Apis, Borax	gut
Haarlinge	häufiges Kratzen, gelbliches Ungeziefer im Unterfell	übertragbar	bis zur Genesung	Ungezieferpuder oder -spray, Desinfizieren der Stallbehausungen; Borax, Belladonna, Bellis perennis, Hepar sulfuris, Phosphorus	sehr gut
Harnblasenentzündung	Hockstellung beim Urinieren mit Quieken, rötlicher Harnfluss	–	–	Antibiotika; Rubia tinctorum, Pulsatilla	gut
Herzinfarkt	hektische Flankenatmung, Tier liegt auf der Seite, feuchte Nase	–	–	mit feuchten Tüchern kühlen, Catosal; Aconitum, Crotalus, Veratrum album, Vipera berus, Ruhe	mäßig
Hitzschlag	hektische Flankenatmung, erhöhte Temperatur	–	–	mit feuchten Tüchern kühlen, besprühen, Füße in Wasser halten; Catosal, Belladonna, Ruhe	gut

Krankheit	Symptome	Infektionsgefahr	Inkubationszeit	Behandlungsmöglichkeiten	Heilungschancen
Husten	häufiges Husten und Räuspern	ansteckend	5 bis 24 Tage	Antibiotika, Sulfonamide; Kamillentee ins Trinkwasser geben; Antimonium arsenicum, Borax	gut
Hypoplasie	Tiere liegen auf der Seite, Verrenkungsbewegungen, Lähmungen	vererbt	–	keine	keine; Euthanasie
Knochenbrüche	schmerzempfindlich bei Berührung, bläuliche Anschwellung	–	–	Bein pressen, die Schwellung stützt den Knochen; schienen; Arnica, Bellis perennis, Ruhe, wenig Bewegungsmöglichkeit	gut
Kokzidiose	stark übel riechender Durchfall, Appetitlosigkeit, Abmagerung	hoch ansteckend	5 bis 14 Tage	Antibiotika, Baytril, Sulfonamid, Desinfizieren der Stallbehausungen; Camphora	mäßig
Krebs	Tumore, Knoten, Abmagerung, schmerzempfindlich bei Berührung	–	–	keine	keine; Euthanasie bei starken Schmerzen
Kreislaufschwäche	hektische Flankenatmung, Apathie	–	–	Catosal, Ruhe Alumina, Crotalus, Heloderma, Vipera	gut
Läuse	häufiges Kratzen, Tiere sitzen auf der Haut und im Fell	übertragbar	bis zur Genesung	Ungezieferpuder oder -spray, Desinfizieren der Stallbehausungen; Borax, Belladonna, Bellis perennis, Hepar sulfuris, Phosphorus	sehr gut
Leukämie	Müdigkeit, Appetitlosigkeit, Apathie	–	–	keine	keine; Euthanasie
Lippengrind	schorfartige Ablagerungen an den Lippenrändern	–	–	Ascorbinsäure, Vitamin-C-Präparate, Grün- und Trockenfutter	sehr gut
Listeriose	Atembeschwerden, Bewegungsstörungen	ansteckend, beim Menschen kann Hirnhautentzündung auftreten	7 bis 20 Tage	Antibiotika; Desinfizieren der Stallbehausungen	gering
Lungenentzündung	Atembeschwerden, Niesen, erhöhte Temperatur, Appetitlosigkeit	ansteckend	7 bis 24 Tage	Antibiotika (Quarantäne), Desinfizieren der Stallbehausungen; Abrotanum, Aconitum, Hepar sulfuris, Jodum, Kalium carbonicum	schlecht
Lymphozytäre Choriomengitis (LCM)	Bindehautentzündung, Abmagern, Krämpfe	ansteckend, beim Menschen kann Hirnhautentzündung auftreten	7 bis 14 Tage	Tiere werden meist von selbst wieder gesund; Apis mellifica, Hepar sulfuris	gut

Mikrophthalmie	Kleinäugigkeit, betrifft meist nur ein Auge	vererbt	–	keine	keine; Tiere sind meist nicht beeinträchtigt
Milbenbefall (Haarbalgmilbe, Herbstgrasmilbe, Pelzmilbe, Raubmilbe, Räude- oder Grabmilbe)	häufiges Kratzen, blutige Wunden, Schorfstellen, Haarausfall	übertragbar; durch Wiese, Gras	bis zur Genesung	Ungezieferpuder oder -spray, Ivomec (3-mal mit 10 Tagen Pause); Desinfizieren der Stallbehausungen; Borax, Belladonna, Bellis perennis, Hepar sulfuris, Phosphorus	gut
Ohrenentzündungen	lässt sich nicht ins Ohr fassen; eitrige, nasse Sekrete im Ohrkanal	eventuell	eventuell	Zink-Lebertran-Salben; Surolan, Aconitum, Belladonna, Pulsatilla	gut
Organverkalkung	Abmagerung, Steifheit, Gelenk- und Organschmerzen, Apathie	–	–	Einstellung des Futters auf ein Verhältnis von etwa 1,5 Ca : 1 P	mäßig
Osteodystrophie	Knochenerweichung, Gewichtsabnahme, gestörte Bewegungen	–	–	keine	keine; Euthanasie
Otocephalie	Verkürzung oder Missbildung bis Fehlen des Unterkiefers	vererbt	–	keine	keine; Euthanasie je nach Schwere
Pasteurellose	Bindehautentzündung, Durchfall, Appetitlosigkeit, Apathie	ansteckend	5 bis 60 Tage	keine (Quarantäne); Desinfizieren der Stallbehausungen	keine; Tiere leben mit der Behinderung gut weiter
Penisbruch	außen stehender, gekrümmter Penis	–	–	keine	keine; Tiere leben mit der Behinderung gut weiter
Penisentzündungen	Rötung der Geschlechtsteile	–	–	Antibiotika; Mezereum	gut
Pilz	häufiges Kratzen, blutige Wunden, Schorfstellen, Haarausfall	übertragbar	bis zur Genesung	Baden, Heilsalben, Desinfizieren der Stallbehausungen; Borax, Silicea	gut
Polydaktylie	überzählige Zehen, meist an den Hinterfüßen	vererbt	–	wenn möglich, Entfernen der überzähligen Zehen	sehr gut
Pseudotuberkulose	Abmagerung, Durchfall, Lähmung, Hautwunden mit grünlichem Eiter	ansteckend (nur über Kaninchen oder Ringeltauben)	7 bis 25 Tage	keine (Quarantäne); Desinfizieren der Stallbehausungen	keine; Euthanasie
Querschnittslähmung	Lähmung des Tierkörpers, Bruch der Wirbelsäule	–	–	keine	keine; Euthanasie
Rachitis	Bewegungsunlust, Schmerzen bei Berührung, gekrümmte Gelenke	–	–	Vitamin-D-Präparat; Phosphorus, Sulfur, Stilingia sylvatica	mäßig

Krankheit	Symptome	Infektionsgefahr	Inkubationszeit	Behandlungsmöglichkeiten	Heilungschancen
Salmonellose	blutiger Durchfall, Abmagerung, Apathie, Schnupfen, Lähmungen	ansteckend, auch auf Menschen, Erbrechen, Übelkeit, Fieber	7 bis 21 Tage	keine (Quarantäne); Desinfizieren der Stallbehausungen	keine; Euthanasie
Schnupfen	feuchte, verklebte Nase; häufiges Niesen	ansteckend	3 bis 14 Tage	Rotlicht, Antibiotika in extremen Fällen; Vitamin-C-Präparate, Grün- und Trockenfutter	gut
Schock	Apathie, struppiges Fell, erhöhte Atemfrequenz	–	–	Ruhe, Catosal; Belladonna	gut
Schuppenbildung	Hautpartikel im Fell und auf der Haut, häufiges Kratzen	–	–	Schuppenshampoo; Alumina, Staphisagria, Sulfur	gut
Speicheldrüseninfektion	Augenausfluss, überhöhte Speichelproduktion, leichte Lähmungen	ansteckend	7 bis 14 Tafge	Tiere werden meist von selbst wieder gesund; Acidium lacticum	gut
Staphylokokken	eitrige Entzündungen auf der Haut, Fußballen und Gelenken	ansteckend	bis zur Genesung	Jodsalbe, Desinfektions-Tinktur, Desinfizieren der Stallbehausungen, tägliches Baden in lauwarmer Kamille	gut
Stoffwechselerkrankungen	Apathie, Appetitlosigkeit, Abmagerungen, Haarausfall, Lippengrind	–	–	Catosal, Glukose, Vitamin-B12-Präparat, Vitamin-C-Präparat	gut
Talgdrüsenadenome	weiche Beutelbildung unter der Haut	–	–	Operation, meist öffnet sich das Adenom von selbst, graues Sekret	gut
Tollwut	beißwütig, Verweigerung von Trinkwasser	ansteckend, durch Bisse auch auf den Menschen (meldepflichtig)	–	keine (Quarantäne); Desinfizieren der Stallbehausungen	keine; Euthanasie
Torticollis	Kopfschiefhaltung, Bewegungsstörungen, Krämpfe	ansteckend	5 bis 14 Tage	Nehydrin, Vitamin-B12-Präparat	gut
Toxoplasmose	Fieber, Lähmungen, Krämpfe, Apathie, Augen- und Nasenausfluss	ansteckend, beim Menschen über Katzen möglich (meldepflichtig)	10 bis 22 Tage	Panacur, Sulfonamide; Stramonium, Veratrum album	gut
Trächtigkeitstoxikose	Apathie durch tote Embryos in den Gebärmutterschläuchen	–	–	Geburt einleiten, Kaiserschnitt, Antibiotika; Wehen auslösen mit Caulophyllum und Pulsatilla, danach Cantharis	mäßig
Tuberkulose	Atembeschwerden, Niesen, erhöhte Temperatur, Appetitlosigkeit	ansteckend, besonders auch für kleine Kinder	7 bis 24 Tage	keine (Quarantäne); Desinfizieren der Stallbehausungen	keine; Euthanasie

Tumor	fühlbare harte Knoten, eitrige Geschwüre	–	–	Operation; Staphisagria, Scrophlaria nodsa	mäßig
Tympanie	Blähbauch, Apathie, beschleunigte Atmung	–	–	Lefax, Bird Bene-Bac, Digitalis, Spigelia, Tesebinthina	gut
Vaginalentzündungen	Rötung der Geschlechtsteile	–	–	Antibiotika; Helonias dioicia	gut
Vergiftungen	Fieber, Lähmungen, Krämpfe, Abmagerung, Apathie, Durchfall	–	–	Catosal, viel Flüssigkeit zufügen, Cantharis	mäßig
Verstauchungen	Schmerzempfindlich bei Berührung, hinkender Gang	–	–	mit feuchten Tüchern kühlen; Arnica, Bellis perennis, Ruhe, wenig Bewegungsmöglichkeit	sehr gut
Verstopfung der Perinealtasche	Verstopfungen, kein Kot, struppiges Fell	–	–	regelmäßiges Reinigen der Perinealtasche	gut
Verstopfungen	aufgeblähte, pralle Bauchregion, schmerzempfindlich bei Berührung	–	–	Buscopan, Paraffin- und Speiseöle, Pulsatilla	gut
Wachstumsstörung	kleinwüchsig	–	–	Catosal; Aurum metallicum, Silicea	mäßig
Wundverletzungen	Bisswunden, Schnittwunden, Risswunden	–	–	Heilsalben, Surolan, Betaisodonna, Bellis perennis	gut
Würmer	Würmer im Kot, Abmagern, Durchfall	übertragbar	bis zur Genesung	Ivomec, Panacur, Thibenzole, Desinfizieren der Stallbehausungen, Abrotanum, Rheinfarntee	gut
Zahnfehler	Abmagerung, Kau- und Schluckbeschwerden	–	–	Kürzen der Backenzähne durch den Tierarzt	gut, muss aber meist regelmäßig wiederholt werden
Zecken	häufiges Kratzen, Zecken sitzen mit dem Kopf unter der Haut	–	–	mit einer Pinzette hinterm Kopf fassen und gerade herausziehen	gut
Zwergbandwurm	Abmagerung, stumpfes Fell, Durchfall, Wachstumsstörung	ansteckend	bis zur Genesung	Mebendazol	gut
Zyklopie	ein Auge in der Mitte des Kopfes	vererbt	–	keine	keine; Euthanasie
Zysten	Haarausfall im Flankenbereich, fühlbare harte Knoten	–	–	Kastration, Punktierung und Absaugung, Sepia, Progesteron-Acetat	mäßig

Artgerechte Haltung

Im Gegensatz zu einem Goldhamster, der als Einzelgänger seine Behausung immer für sich allein in Anspruch nimmt, gibt es bei den Meerschweinchen aufgrund ihres Sozialverhaltens gleich mehrere Möglichkeiten der Haltung. Jede Haltungsform hat für sich gesehen Vor- und Nachteile, die im folgenden Kapitel näher erläutert werden.

Gruppenhaltung

Unter Gruppenhaltung versteht ein Meerschweinchenzüchter eine Gruppe von einem Zuchtbock und mindestens zwei Zuchtsäuen. Gruppen mit einem kastrierten Männchen und mehreren Weibchen sind genauso möglich wie reine Weibchengruppen. Reine Männchengruppen oder gemischte Gruppen mit mehreren Männchen kommen bei einem Züchter wegen der Rivalen- und Rangordnungskämpfe, die meistens recht heftig ausgefochten werden, so gut wie nicht infrage.
Dies heißt nicht, dass es nicht möglich ist, Böcke zu vergesellschaften oder als Gruppe zusammen zu halten. Wenn man alle Regeln dafür einhält, klappt dies sogar recht gut. Die Böcke der Gruppe dürfen nie mit Weibchen zusammengewesen sein. Weibchen dürfen auch nicht in die Nähe von dieser Gruppe gelangen. Die Böcke würden dies über ihren Geruchssinn wahrnehmen und sich nicht mehr dem Alphabock unterordnen.
Um die Rangordnung nicht in Gefahr zu bringen, ist es am einfachsten, sehr junge Männchen vor ihrer Geschlechtsreife zu einem adulten Bock zu setzen. Die Logik hinter diesen Regeln ist sehr simpel. In einer solchen Bockgruppe hat der Leitbock, wie in einer gemischten Gruppe, die Alpharolle. Die anderen Böcke wissen eigentlich gar nicht, dass sie Böcke sind, und nehmen in der Gruppe die Weibchenrolle ein. Voraussetzung für eine Meerschweinchen-Gruppenhaltung ist immer der ausreichend zur

 Meerschweinchen sind sehr gesellig.

So fühlen sich Meerschweinchen wohl: eine gemischte Gruppe im Außengehege.

Verfügung stehende Platz. Denn nur ein genügend großes Gehege sorgt für ein ausgeglichenes Sozialverhalten und verhindert das Auftreten von Stress.
Ein Vorteil der Gruppenhaltung liegt in der Bewegungsfreiheit der Tiere, die hierdurch gut ausgebildete Muskelpartien bekommen. Auch ist der Futterneid in einer solchen Gruppe recht hoch. Dieser führt dazu, dass einzelne Tiere auch für sie ungewohnte (neue) Nahrung aufnehmen, die sie in Einzelhaltung eventuell verschmähen würden.
Ein weiterer sehr wichtiger Aspekt ist, dass bei Geburten die erfahrenen und älteren Weibchen den jüngeren Hilfestellung leisten und so weniger Totgeburten durch Ersticken in der Eihaut auftreten. Falls mehrere Weibchen gleichzeitig Jungtiere aufziehen, ist es oft sogar egal, ob nur die eigenen oder auch die fremden Jungtiere zum Säugen kommen.
Zu den Nachteilen zählt die Gefahr der Ansteckung durch kranke Tiere. Hier muss aus Vorsicht oft die ganze Gruppe isoliert und medikamentös behandelt werden.
Das Entfernen eines Tieres für die Dauer von drei bis vier Tagen für eine Ausstellung kann beim Wiedereingliedern in die Gruppe Streitigkeiten auslösen, besonders wenn ein anderes Tier die Alpharolle als Leitbock übernommen hat. Dabei ist es egal, ob es sich um ein Männchen oder ein Weibchen handelt. Die Wiedereingewöhnungsphase ist meistens nicht sehr lang und sollte vom Züchter kontrolliert werden.

Paarhaltung

Bei der Paarhaltung von Meerschweinchen gibt es ebenso wie in der Gruppenhaltung dieser Tiere mehrere Möglichkeiten. Ein Männchen und ein Weibchen vertragen sich fast immer. Allerdings kann es in seltenen Fällen auch vorkommen, dass ein erwachsenes Weibchen ein junges Männchen nicht akzeptiert. Zwei junge bzw. ein junges mit einem älteren Weibchen verstehen sich genauso gut wie zwei noch nicht

Hinweis!

Da alle hier genannten Haltungsarten ihre Vor- und Nachteile besitzen, werden diese je nach Erfordernissen auch alle von einem Züchter angewandt.

geschlechtsreife oder ein noch nicht geschlechtsreifes junges mit einem älteren Männchen. Zwei ältere Weibchen können ebenfalls als Pärchen gehalten werden. Diese Kombination empfiehlt sich besonders bei zwei Ausstellungstieren.
Zwei erwachsene und erfahrene Zuchtböcke zu vergesellschaften ist so gut wie nicht möglich. Hier werden stetige Kämpfe in dieser Kleinstgruppe um die Rangordnung das schwächere Tier verletzen oder es unter solchem Stress eventuell sogar eingehen lassen.
Die Vorteile in der Paarhaltung liegen in einem sehr harmonischen Zusammenleben eines Pärchens. Der Futterneid in einer solchen Kleinstgruppe ist zwar auch vorhanden, aber nicht so groß wie in einer großen Gruppe.

Manche Paare bleiben ihr Leben lang friedlich zusammen.

Der wohl wichtigste Grund für die Bildung eines Pärchen besteht in der gezielten Verpaarung zweier Zuchttiere, um ein bestimmtes Zuchtergebnis zu erreichen. Bleibt ein erfahrenes Männchen bei der Geburt dabei, leistet es sogar Geburtshilfe, allerdings nur, wenn es von der Sau zugelassen wird. Hierbei wird das Weibchen zumeist wieder belegt und bekommt ungefähr 68 Tage später den nächsten Wurf.
Bei gleichgeschlechtlichen Pärchen unterschiedlichen Alters lernen die Jungtiere durch Nachahmung des älteren Tieres alles, was ein Meerschweinchen können muss. Solche Pärchen bleiben meist bis an ihr Lebensende friedlich zusammen. Ausnahmen hiervon treten nur auf, wenn durch Krankheit, Zucht oder Ausstellung eine Trennung vorgenommen wurde und die Tiere beim Zusammenführen keine Rangordnung mehr bilden können.
Ein Nachteil der Paarhaltung ist die hohe Boxenzahl, die ein Züchter besitzen muss. Denn nur so kann er flexibel genug sein zu entscheiden, welche Tiere für die Zeit einer Zuchtpause getrennt werden müssen bzw. für eine Verpaarung neu zusammengesetzt werden sollen.

Einzelhaltung

Da in der Einzelhaltung die Tiere zwar am zutraulichsten werden, sie aber ihr soziales Verhalten nicht ausleben können und es auch nicht artgerecht ist, sollte diese nur aus zwingenden Gründen angewendet werden.
Der wichtigste Grund für die Einzelhaltung ist der Krankheitsfall. Denn nur so kann zum Beispiel einer Ansteckung weiterer Tiere vorgebeugt werden oder eine gezielte Behandlung erfolgen. Weitere Gründe können eine Zuchtpause von Männchen

oder Weibchen sein. Die Einzelhaltung sollte dann aber nur von kurzer Dauer sein.
In sehr seltenen Fällen kommt es vor, dass ein Tier keine Artgenossen toleriert. Auch hier ist die Einzelhaltung die einzige Möglichkeit.

Unterbringung

Die im Handel üblichen **Meerschweinchenkäfige** sind im Normalfall für die Haltung von zwei bis drei Tieren geeignet. Einige von ihnen sind ganz aus Plastik. Sie verhindern zwar das Herausfallen der Einstreu, jedoch wird auch die Luftzirkulation sehr stark eingeschränkt. Hierdurch kann das für die Lungen und Atemwege schädliche Ammoniak, was durch die Ausscheidung des Urins entsteht, nicht gut entweichen. Aus diesem Grund sind Käfige mit Plastikwannen als Unterteil und nicht ummantelten Stahlgitteroberteilen geschlossenen Käfigen vorzuziehen. Aquarien sind für die Meerschweinchenhaltung völlig ungeeignet.

Für die Gruppenhaltung werden meist **Käfige oder Ausläufe in Eigenbauweise** verwendet. Hierbei bleibt es dem Meerschweinchenfreund und seinem handwerklichem Geschick überlassen, wie groß und aus welchem Material er seine Gehege baut. Inzwischen gibt es solche Käfigbauten auch käuflich zu erwerben. Größe und Bauart sind kaum Grenzen gesetzt.

Für die Haltung von mehreren Tieren werden meistens **Boxenställe** verwendet. Hier befinden sich stets mehrere Boxen in Stapelbauweise nach Kaninchenzüchterart in einem separat für die Tiere errichteten Schuppen oder Nebengebäude. Von Vorteil ist es, wenn die Trennwände der Boxen als Schiebetür konstruiert sind. Denn so sind diese je nach Bedarf leicht zu vergrößern, um auch mehreren Tieren Platz

So kann eine Boxenanlage aussehen.

Bei der Gestaltung eines Geheges kann man sehr keativ sein – hier eine Gruppe Weiß rote Augen im Außengehege.

bieten zu können. Es hat sich sehr gut bewährt, die Trennwände aus Maschendraht oder Gitter zu bauen. Somit wird den Tieren eine bessere Kontaktmöglichkeit zu den Tieren in der Nachbarbox gegeben. Sehr oft wird bei diesen Boxen eine herausziehbare flache Metall- oder Plastikwanne verwendet; sie erleichtert das Reinigen der Ställe.

Durch die hohe Anzahl der Boxen besteht die Möglichkeit, sehr gezielte Verpaarungen zu setzen. Ein weiterer Hauptgrund, warum Züchter gern die Boxenbauweise verwenden, liegt in der täglichen Gesundheitskontrolle der Tiere. In den Boxen besteht die Möglichkeit, sehr schnell und einfach alle Meerschweinchen mit einem Blick zu überprüfen. Ein erfahrener Züchter erkennt sofort, ob bei einem Tier etwas nicht in Ordnung ist und ob er handeln muss.

Die richtige Bauweise und Ausstattung

Egal welche Unterbringung ein Züchter oder Besitzer eines Meerschweinchen verwendet, es gelten einige zu berücksichtigende Kriterien für alle oben genannten Bauarten.

- Eine Meerschweinchenbehausung sollte immer gut belüftet sein, aber nicht der Zugluft ausgesetzt werden. Es muss möglichst viel Tageslicht einfallen, da es für die Bildung von Vitamin D benötigt wird. Der Käfig darf aber nicht so der Sonne ausgesetzt werden, dass die Tiere Gefahr laufen, einen Hitzschlag zu bekommen. Die Käfige, Ställe oder Boxen dürfen nicht feucht oder sogar nass sein.
- Trockene Kälte macht einem gesunden Meerschweinchen dagegen nicht viel aus. Dies ermöglicht eine Unterbringung im Freien. In diesem Fall ist zu berücksichtigen, dass im Winter darauf geachtet wird, den Tieren genügend lauwarmes Wasser und Grünfutter zu Verfügung zu stellen, denn es besteht die Gefahr, dass das Trinkwasser in den Flaschen recht schnell gefriert.
- Die Behausungen sollten mindestens eine 25 cm hohe Bodenfreiheit haben, um die Tiere nicht dem Bodenfrost auszusetzen. In Außenställen sollte immer eine Witterungsschutzecke vorhanden sein, um den Tieren bei extremen Verhältnissen eine Rückzugsmöglichkeit zu geben. Um Tieren in Freilufthaltungen nicht noch härtere Bedingungen zuzumuten, sollten Weibchen im Winter nicht ohne Behausung werfen oder die Tiere zwischendurch komplett ins Haus geholt werden.
- Alle Baumaterialien müssen frei von Chemikalien oder anderen für die Tiere schädlichen Bestandteilen sein. Alle Käfige, Ställe oder Boxen müssen so verschließbar sein, dass sie nicht

Ein Meerschweinchenhaus ist das ideale Rückzugsgebiet.

versehentlich geöffnet werden können. Bei der Freilandhaltung ist immer mit Katzen, Ratten, Mardern, Greifvögeln, Schlangen usw. zu rechnen. Entsprechende bauliche Sicherheitsvorkehrungen sind hierfür zu treffen.

Zur Grundausstattung gehört neben einer Trinkflasche ein fest stehender Fressnapf, vorzugsweise aus Steingut, Ton oder Keramik. Klappernde Metallfressnäpfe sind nicht zu empfehlen.
Sollte eine Heuraufe verwendet werden, ist darauf zu achten, dass diese so konstruiert ist, dass das Meerschweinchen nicht in sie hineinspringen kann. Das Risiko, dass ein Tier sich beim Herausklettern die Extremitäten verletzt, ist viel zu groß. Je nach Bauart können sich Babys in ihnen sogar strangulieren.
Auch die Verwendung von kleinen Häuschen ist nicht zu empfehlen. In diesen Häuschen entsteht sehr schnell eine Stauwärme und eine recht hohe Luftfeuchtigkeit. Zusätzlich verletzen sich die Tiere sehr leicht mit ihren Krallen gegenseitig beim Überklettern eines Artgenossen. Augenverletzungen sowie kleine Kratzer in der Haut sind die Folge. Ein besonderes Problem kann im Extremfall die Entstehung von Pilzsporen darstellen. Möchte man seinen Tieren also eine Möglichkeit geben, Schutz zu suchen und ihnen Sicherheit zu vermitteln, ist eine einfache Unterstellmöglichkeit (Carport/Unterstand) anzubieten. In Boxenanlagen ist dies nicht nötig. Da die Tiere bis zur Boxendecke sehen können, wird der Fluchtinstinkt und Stresseffekt bei ihnen

Hier fühlen sich die Meerschweinchen geborgen.

erst gar nicht ausgelöst. In der Natur entspricht dies dem Aufenthalt unter einem Gebüsch oder Strauch.

Freigehege

Für die wärmeren Monate im Jahr bietet es sich an, seinen Tieren ein aufbaubares Freigehege zur Verfügung zu stellen. Freigehege ermöglichen den Tieren, in aller Ruhe und ohne Gefahr frisches Gras zu fressen.
Damit es nicht durch zu große Mengen Gras zu Durchfallerkrankungen kommt, sollte ein Züchter seine Tiere langsam an die neuen Bedingungen gewöhnen und sie zur Akklimatisierung immer wieder in ihre Behausungen zurücksetzen.
Zu große Gehege haben den Nachteil, dass die Tiere oft die Übersicht verlieren und sich nicht mehr sicher fühlen. Dies kann durch die Verwendung von Einbauten (wie Baumstämme, Äste, Steine usw.) reduziert werden. Besonders wichtig bei der Aufstellung der Freigehege ist die Standortwahl. Ein Standort in der prallen Sonne ist aus Gründen einer Hitzschlaggefahr zu vermeiden. Weiterhin dürfen sie nicht dort aufgestellt werden, wo giftige Pflanzen, viele Blumen oder Obstgewächse stehen. Blumen locken mit ihrem Nektar Wespen, Bienen, Hummeln und Hornissen an, Fallobst ebenfalls. Ein Insektenstich kann aber ein erwachsenes Meerschweinchen unter Umständen töten. Ein Standort zu nah an einer Straße oder an einem Hundezwinger bereitet den Tieren nur Stress und ist auch nicht zu empfehlen. Eine weitere Gefahr ist die Ansteckung im Freien durch Tollwut oder andere Krankheiten. Die Tiere sollten sich nur dann in diesen aufstellbaren Freigehegen befinden, solange sie unter Aufsicht sind. Dies liegt daran, dass diese Freigehege keinen Schutz vor anderen Tieren bzw. extremen Wetterbedingungen bieten.
Besser ist dagegen ein Freilauf, den die Tiere ganz nach Belieben aufsuchen können, also ein Stall in Kombination mit einem angeschlossenen Freigehege.
Hier können die Tiere selbst entscheiden, ob sie rein oder raus möchten, ob sie Gras, Pellets oder Heu fressen, ob sie im Einstreu ausruhen oder auf der Wiese laufen wollen.
Sie suchen im Sommer automatisch die kühlen Schattenplätze auf der Wiese und im Winter nach einem kurzen Spaziergang

 Eine Gruppe Glatthaar Weiß dunkle Augen in ihrem Domizil.

durch den Schnee die warme, trockene Einstreu im Stall auf.

Die Einstreu

Meerschweinchen benötigen eine geeignete Einstreu. Sie dient als Laufunterlage und muss den Urin und den Kot der Tiere aufnehmen. Im Handel stehen hierfür etliche Arten zu Verfügung. Sie alle haben ihre Vor- und Nachteile. Viele Züchter verwenden Hobelspäne, andere kombinieren dagegen die verschiedenen Einstreuarten, um noch bessere Ergebnisse zu erzielen. Im Folgenden ist eine Übersicht der verschiedenen Einstreuarten aufgeführt. Für alle diese Arten von Einstreu ist aber eines ganz wichtig: Spätestens nach einer Woche ist die verschmutzte Einstreu durch neue zu ersetzen.

Sägemehl

Feuchtigkeitsbindung	gut
Ammoniakbindung	gut
Kompostierbarkeit	schlecht (Bodenübersäuerung)
Nachteil	sehr staubig, häufiges Auswechseln, bleibt am Futter haften
Vorteil	sehr gut für die Fußballen der Tiere
Preis	günstig

Hobelspäne

Feuchtigkeitsbindung	sehr gut
Ammoniakbindung	sehr gut
Kompostierbarkeit	mittel (Bodenübersäuerung)
Nachteil	Knotenbildung bei Langhaartieren, etwas staubig
Vorteil	keine Fellverfärbungen, gut für die Fußballen der Tiere
Preis	günstig

Stroh (gehäckselt)

Feuchtigkeitsbindung	schlecht
Ammoniakbindung	schlecht
Kompostierbarkeit	sehr gut
Nachteil	Verfärbungen, Augenverletzungen drohen, schimmelt schnell
Vorteil	gute Isolation gegen Kälte
Preis	sehr günstig

Strohkobs (gepresste Pellets)

Feuchtigkeitsbindung	mittel
Ammoniakbindung	mittel
Kompostierbarkeit	gut
Nachteil	zu hart (Ballenentzündungen drohen), schimmelt schnell
Vorteil	keine Haarverknotungen
Preis	sehr teuer

Leinenstroh (gehäckselt)

Feuchtigkeitsbindung	sehr gut
Ammoniakbindung	sehr gut
Kompostierbarkeit	sehr gut
Nachteil	schlechte Verfügbarkeit, Fellverfärbungen können auftreten
Vorteil	staubt kaum, lange saugfähig, gut für die Fußballen der Tiere
Preis	günstig

Heu

Feuchtigkeitsbindung	schlecht
Ammoniakbindung	schlecht
Kompostierbarkeit	sehr gut
Nachteil	manchmal staubig, schimmelt schnell
Vorteil	gute Isolation, gut für die Fußballen der Tiere
Preis	mittel

Heukobs (gepresste Pellets)

Feuchtigkeitsbindung	gut
Ammoniakbindung	gut
Kompostierbarkeit	gut
Nachteil	zu hart (Ballenentzündungen drohen), schimmelt schnell
Vorteil	keine Haarverknotungen
Preis	sehr teuer

Raps (gehäckselt)

Feuchtigkeitsbindung	sehr gut
Ammoniakbindung	sehr gut
Kompostierbarkeit	sehr gut
Nachteil	schimmelt sehr schnell
Vorteil	staubt kaum, lange saugfähig, gut für die Fußballen der Tiere
Preis	mittel

Hanf (gehäckselt)

Feuchtigkeitsbindung	sehr gut
Ammoniakbindung	sehr gut
Kompostierbarkeit	sehr gut
Nachteil	schimmelt sehr schnell, kurzes Erneuerungsintervall
Vorteil	staubt kaum, keine Haarverknotungen
Preis	mittel

Papierspäne

Feuchtigkeitsbindung	schlecht
Ammoniakbindung	schlecht
Kompostierbarkeit	gut
Nachteil	bleibt am Futter haften, schlechte Verfügbarkeit
Vorteil	sehr weich, sehr gut verwendbar nach Bauchoperationen
Preis	teuer

Vererbung

Die Vererbungslehre spielt bei der gezielten Meerschweinchenzucht eine ganz wichtige Rolle und gehört daher sozusagen zum Handwerkszeug für jeden verantwortungsvollen Züchter. Bevor auf die verschiedenen Erbgänge, die für die Meerschweinchenzucht von Bedeutung sind, eingegangen wird, werden zunächst noch die Grundlagen der Genetik dargestellt.

Grundlagen der Genetik

Jedes Säugetier besitzt in seinen Zellkernen einen diploiden Chromosomensatz, also jeweils ein Chromosom vom Vater und von der Mutter. Ein Meerschweinchen hat 32 **Chromosomenpaare**, ein Mensch hingegen nur 23. Auf beiden Chromosomen eines Paares befinden sich zwar jeweils die Gene für die gleichen Eigenschaften (wie zum Beispiel für Farbe oder Fellbeschaffenheit). Diese Gene können aber verschiedenes Erbgut tragen.
So kann beispielsweise ein Tier jeweils ein Gen für glattes und ein Gen für krauses Haar besitzen. Dies bedeutet aber nicht, dass ein solches Tier gleichzeitig beide Haarstrukturen zeigt. In diesem Fall wird das Tier nur glattes Fell haben, da das Gen für glattes Fell dominant gegenüber dem rezessiven Gen für krauses Fell ist.

Sind die Genpaare in ihrer Beschaffenheit gleich, spricht man von **Reinerbigkeit (homozygot)**. Hierbei ist es egal, ob es sich um ein dominantes oder rezessives Genpaar handelt. Sind zwei unterschiedliche Gene vorhanden, spricht man von **Spalterbigkeit (heterozygot)**.

Zur besseren Unterscheidung benutzt man für die **dominanten** Gene Großbuchstaben und die **rezessiven** Gene Kleinbuchstaben. Außerdem unterscheidet man noch den **Phänotyp** (das äußere Erscheinungsbild) vom **Genotyp** (das tatsächliche Erbbild).

Die Farbvererbung ist bei Meerschweinchen recht kompliziert.

Grundbegriffe der Genetik

Allel	Ein Allel ist ein Gen, das sich an einem festgelegten Platz auf einem Chromosom befindet.
Bastard (Mischling)	Bei diesem Individuum befinden sich zwei unterschiedliche Gene auf einem Allelenplatz (Aa oder Bb) oder mehrere Genpaare beeinflussen sich gegenseitig so stark, dass eindeutige Rassemerkmale unterdrückt und vermischt werden.
Chromosom	Die lineare Aneinanderreihung der ganzen Gene zu einem Fadenkörper nennt man Chromosom. Über diesen Weg, findet die Speicherung der Erbinformationen statt.
DNS/DNA	Die Desoxyribonukleinsäure (DNS deutsch/DNA englisch) ist ein Biomolekül und Träger der Erbinformation.
dominant	Dominant ist ein Gen, wenn es seine Eigenschaften gegenüber einem anderen Gen durchsetzen kann.
Filialgeneration	Folgegeneration (F_1, F_2, F_3 ...)
Gen	Erbfaktor
Genotyp	Der Genotyp ist die Gesamtheit aller Erbanlagen.
heterozygot (spalterbig)	Die beiden Allele eines Gens für die Ausbildung eines Merkmals sind unterschiedlich.
homozygot (reinerbig)	Die beiden Allele eines Gens für die Ausbildung eines Merkmals sind gleich.
intermediär	Intermediär ist die unvollständige Dominanz zweier Allele.
Letalfaktor	Gene, die den Tod eines Lebewesens verursachen.
Meiose	Bei der Meiose findet eine Zellteilung der Keimzellen statt. Es entstehen zwei neue Zellkerne durch Neuverknüpfung unterschiedlicher DNS. Neues Erbgut wird erzeugt.
Mitose	Bei der Mitose wird eine identische Kopie durch Zellteilung der Körperzellen und Verdoppelung erzeugt. Es entstehen zwei neue Zellkerne mit identischer DNS.
Mutation	Die Mutation ist eine Veränderung des Erbguts.
Phänotyp	Der Phänotyp beschreibt die Gesamtheit der Merkmale und so das Erscheinungsbild eines Individuums.
Punnettsche Quadrat	Das Punnettsche Quadrat ist eine grafische Unterstützung zur Ermittlung der theoretischen Kombinationshäufigkeit von mehreren Genpaaren.
rezessiv	Rezessiv ist ein Gen, wenn es seine Eigenschaften gegenüber einem anderen Gen nicht durchsetzen kann.
Rückkreuzung	Methode der Sichtbarmachung von rezessiven Genen.

Die genetischen Erbinformationen werden in der **DNS** abgespeichert. Sie besteht aus Desoxyribose (Zucker), Phosphatresten und den vier Basen (Adenin, Thymin, Cytosin, Guanin). Hierbei bilden die Phosphate und die Desoxyribose die Doppelstränge. Verbunden werden sie dabei von den Basenpaaren Adenin und Thymin sowie Cytosin und Guanin: Der DNS-Doppelstrang entsteht. Die Anordnung dieser Basenpaare bestimmt das Erbbild und somit auch das Erscheinungsbild.

Zellteilung

Die Zellteilung findet bei der Befruchtung und bei der Erneuerung (Vervielfältigung) statt. Hierbei unterscheidet man die identische Zellteilung (Mitose) von der Reduktionsteilung (Meiose). Die Zellen eines Organismus werden dabei von Generation zu Generation weitergereicht.

Mitose

Die Mitose ist die Vervielfältigung einer Zelle, also das Erstellen einer Kopie der Ursprungszelle des DNS-Doppelstranges. Hierbei Durchlaufen die Zellen vier verschiedene Phasen: Prophase, Metaphase, Anaphase und Telophase. Dieser Vorgang wiederholt sich während der Lebensdauer eines Organismus immer wieder und endet erst bei seinem Tod.

Meiose

Die Meiose unterscheidet sich von der Mitose insoweit, dass sie zwei Zellteilungen durchläuft. Man nennt diese Durchläufe die 1. Reifeteilung mit den vier Phasen 1. Prophase, 1. Metaphase, 1. Anaphase, 1. Telophase und die 2. Reifeteilung mit den vier Phasen 2. Prophase, 2. Metaphase, 2. Anaphase, 2. Telophase. Im Gegensatz zur Mitose werden hier die DNS-Stränge nicht einfach kopiert, sondern Teile mütterlicher und väterlicher Seite können sich neu verbinden. Ein neuer DNS-Strang mit neuen Erbinformationen entsteht.

Vererbungsregeln

Die Vererbungsregeln sind einfach und logisch. Bei der Verpaarung werden die Gene des Vaters und der Mutter kombiniert. Die Gene, die zusammentreffen, sind für dasselbe Merkmal zuständig, können aber unterschiedliche Erbinformationen weitergeben.
Geben sie beide die gleiche Eigenschaft weiter, spricht man von Reinerbigkeit. Ein Beispiel wären die beiden dominanten Gene für die Farbe Schwarz (BB).
Spalterbigkeit entsteht, wenn sich Gene mit unterschiedlichen Informationen verbinden wie zum Beispiel ein Gen für Schwarz (B) und eins für Schokolade (b). Das dominante Gen (B) bestimmt dann den Phänotyp. Das Meerschweinchen ist also schwarz und trägt die Erbinformation für die Farbe Schokolade.

Wenn rezessive Gene sichtbar werden, liegen sie immer in Reinerbigkeit vor. Bei der Farbe Schokolade wären dies die beiden Gene bb.
Ein Tier, welches reinerbig rezessive Gene besitzt, kann kein Trägertier bei diesem Genpaar mehr sein kann. Es kann also kein Gen übertragen, das nicht seinem Phänotyp entspricht. Ein Tier mit einem spalterbigen Genpaar (also Bb) kann dagegen ein Gen weitergeben, das nicht seinem Phänotyp entspricht: Ein schwarzes Meerschweinchen kann ein Gen für die Farbe Schokolade weitervererben.
Aus diesem Grund ist die Gefahr, bei Verpaarungen mit dominanten Genen auf ungewünschte rezessive Gene zu treffen, recht hoch. Wer dies einmal in seiner Linie

erlebt hat, weiß, wie wertvoll Tiere sind, bei denen der Züchter die Gene kennt. Im Extremfall kann eine gesamte Zuchtgruppe in Gefahr geraten.

Georg Mendel fasste die Vererbung in drei Gesetzen zusammen. Sie definieren die Möglichkeiten, die bei Verpaarungen auftreten können. Durch die Anwendung des Punnettschen Quadrates wird die theoretische Wahrscheinlichkeit errechnet und verdeutlicht.

Uniformitätsgesetz (1. mendelsche Regel)

Kreuzt man zwei reinerbige Meerschweinchen, die sich in einem Genpaar unterscheiden, so sind alle Tiere der F1-Generation bezüglich dieses Genpaares untereinander gleich.

Beispiel:
Man verpaart ein schwarzes mit einem schokoladenfarbigen Meerschweinchen. Beide Elterntiere sind reinerbig bezüglich des betrachteten Genpaars, nämlich BB (Black) und bb (Brown). Mithilfe des Punnettschen Quadrates lassen sich ganz leicht die rechnerischen Kreuzungsergebnisse in der Theorie darstellen:

♀ \ ♂	B	B
b	B b	B b
b	B b	B b

Die gesamte F1-Generation (100 %) ist vom Phänotyp schwarz. Alle Tiere sind vom Genotyp spalterbig (Bb).

Spalterbigkeitsgesetz (2. mendelsche Regel)

Kreuzt man diese spalterbige Tiere der F1-Generation untereinander, so spalten die Nachkommen in der F2-Generation die Genpaare in einem bestimmten Zahlenverhältnis auf.

♀ \ ♂	B	b
B	B B	B b
b	B b	b b

Statistisch erhalten wir in unserem Wurf 25 % BB (reinerbig Schwarz), 50 % Bb (spalterbig Schwarz) und 25 % bb (Schokolade). Phänotypisch spaltet der Wurf also in 75 % Schwarz und 25 % Schokolade auf.

Unabhängigkeitsgesetz (3. mendelsche Regel)

Diese Betrachtungen der F1- und F2-Generation beschäftigten sich mit einem Merkmal (Genpaar). Natürlich kann man jedem Tier auch zwei oder mehr Genpaare zuordnen. Dabei ist zu beachten, dass diese Gene unabhängig voneinander kombinierbar sind und sich gegenseitig beeinflussen können.

Beispiel: Schwarz x Beige.
Beide Tiere sollen reinerbig bezüglich der betrachteten Merkmale sein. Die einzelnen Erbanlagen sind frei kombinierbar, das heißt, sie werden unabhängig voneinander vererbt und bei der Keimzellenbildung (Meiose) neu kombiniert.

Verfolgen wir unser Beispiel weiter. Verpaaren wir die zuletzt entstandenen Tiere miteinander, erhalten wir Folgendes:

Elterntiere:
BB PP (Vater) x bb pp (Mutter)
F1-Generation:
100 % der Tiere sind Bb Pp
(Schwarz mit dunklen Augen)

Jedes Gen kann mit jedem Gen in der Keimzellenbildung für eine Verpaarung zur F2-Generation kombiniert werden. Ausgeschlossen ist die Kombination von Genen für das gleiche Merkmal.

Hierdurch entstehen folgende Kombinationsmöglichkeiten:
Elterntiere: Bb Pp x Bb Pp
F2-Generation: BP / Bp / bP / bp

Trägt man diese F1-Generation wieder ins Punnettsche Quadrat ein, vervierfacht sich dieses. Dies gilt für jedes weitere Genpaar, das man hinzufügt (4 Felder, 16 Felder, 64 Felder, 256 Felder, 1024 Felder, 4096 Felder, 16384 Felder usw.). So wird ersichtlich, wie unmöglich es wird, mit Tieren bei nur einer Verpaarung (F1-Generation) auf sein gewünschtes Zuchtergebnis zu kommen. Zusätzlich wird auch klar, dass jedes unterschiedliche Gen die Unkalkulierbar-

♀ \ ♂	B P	B p	b P	b p
B P	B B P P	B B P p	B b P P	B b P p
B p	B B P p	B B p p	B b P p	B b p p
b P	B b P P	B b P p	b b P P	b b P p
b p	B b P p	B b p p	b b P p	b b p p

keit, ob die Tiere die gewünschten Gene noch wirklich besitzen, erhöht.

Die Nachkommen spalten phänotypisch nach folgender Formel auf:
9 : 3 : 3 : 1
Also 9-mal Schwarz, 3-mal Schokolade, 3-mal Lilac, 1-mal Beige (siehe Übersicht auf S. 54).

Zusätzlich verdeutlicht diese Verpaarung, dass nur das beigefarbene Tier eindeutig als reinerbig erkannt werden kann. Alle anderen Tiere, mit Ausnahme des reinerbigen schwarzen (BB PP), sind spalterbig. Das reinerbig schwarze Tier ist vom Phänotyp her nicht eindeutig von den spalterbigen zu unterscheiden. Somit ist eine Weitergabe aus einer solchen Verpaarung fast nur mit der Angabe „Achtung, dieses Tier könnte xxx tragen" seriös.

Rassengenetik

Die Haarstrukturformel, mit der bei den Rassen des MFD BD e.V. gearbeitet wird, besteht aus neun Gen-Paaren. Deren unterschiedliche dominante Zusammensetzung erzeugt die verschiedenen Rassen. An der Schreibweise erkennt man mithilfe der Groß- und Kleinschreibung, ob ein Gen dominant oder rezessiv ist bzw. ob ein Genpaar homozygot (reinerbig) oder heterozygot (spalterbig) ist. Äußerlich ist es nicht bzw. nur minimal zu vermuten, welche Gene ein Tier trägt. Deshalb ist es anzustreben, durch langwierige gezielte Zucht dem möglichst idealerbigem Meerschweinchen immer näherzukommen.

Erbformel für die Haarstruktur
Ein Glatthaar Meerschweinchen trägt zum Beispiel folgende Gene:
LL rhrh MM stst SnSn RxRx FzFz ChCh lulu

L ist zuständig für die Haarlänge.
- LL = reinerbig, kurzes Haar (das Haarwachstum stoppt bei einer gewissen Länge)
- Ll = spalterbig, kurzes Haar (nicht voll dominant, meistens etwas länger Behaarung)
- ll = reinerbig, langes Haar (wächst ständig weiter wie beim Menschen)

Rh M ist zuständig für die Bildung von Wirbeln.
- Rh Rh m m = reinerbig, Bildung von Wirbeln (ideale Wirbelanzahl möglich)
- Rh Rh M m = spalterbig, Bildung von Wirbeln (geringere Anzahl)
- Rh Rh M M = reinerbig, Bildung von Wirbeln (geringere Anzahl)
- rh rh M M = reinerbig, keine Wirbel
- rh rh M m = spalterbig, keine Wirbel
- rh rh m m = reinerbig, keine Wirbel
- Rh rh M M = spalterbig, Bildung von Wirbeln (geringere Anzahl)
- Rh rh M m = spalterbig, Bildung von Wirbeln (geringere Anzahl)
- Rh rh m m = spalterbig, Bildung von Wirbeln (geringere Anzahl)

St ist zuständig für die Bildung einer Stirnrosette/Krone.
- St St = reinerbig, Bildung einer Stirnrosette/Krone
- St st = spalterbig, Bildung einer Stirnrosette/Krone
- st st = reinerbig, keine Stirnrosette/Krone

Sn ist zuständig für die Satinbehaarung.
- Sn Sn = reinerbig, keine Satinbehaarung
- Sn sn = spalterbig, keine Satinbehaarung
- sn sn = reinerbig, Bildung der Satinbehaarung

Rx ist zuständig für die Bildung der Rexlockung.

- Rx Rx = reinerbig, keine Rexlockung
- Rx rx = spalterbig, keine Rexlockung
- rx rx = reinerbig, Bildung der Rexlockung

Fz ist zuständig für die Bildung der US-Teddylockung.

- Fz Fz = reinerbig, keine US-Teddylockung
- Fz fz = spalterbig, keine US-Teddylockung
- fz fz = reinerbig, Bildung der US-Teddylockung

Ch ist zuständig für die Bildung der CH-Teddylockung.

- Ch Ch = reinerbig, keine CH-Teddylockung
- Ch ch = spalterbig, keine CH-Teddylockung
- ch ch = reinerbig, Bildung der CH-Teddylockung

Lu ist zuständig für die Bildung der Lunkaryabehaarung.

- Lu Lu = reinerbig, Bildung der Lunkaryabehaarung
- Lu lu = spalterbig, Bildung der Lunkaryabehaarung
- lu lu = reinerbig, keine Lunkaryabehaarung

Bei Verpaarungen von Rex- und US-Teddy-Meerschweinchen untereinander entstehen in der ersten Generation Glatthaartiere. Das „Wavy bzw. Fuzzy"-Genpaar ist nicht mit dem Rex-Genpaar verwandt und nicht so kombinierbar, dass krauses Fell entsteht. Erst in zweiter Generation entsteht wieder ein Meerschweinchen mit gekräuselten Haaren. Dieses ist dann ein reinerbiges Rex- oder US-Teddy-Tier. Beide Genpaare können hierbei gleichzeitig rezessiv vorhanden sein. Das Tier wäre dann eine Art „Reddy".

Farbgenetik

Seit den Versuchen von Gregor Mendel über das Vererbungsverhalten von Pflanzen beschäftigen sich Züchter jeglicher Art mit der Kreuzung zweier Rassen. Sie wollen ebenfalls das Vererbungsverhalten erforschen und versuchen, eine neue Rasse oder Farbe hervorzubringen.
Dies ist bei der Zucht von Rassemeerschweinchen auch nicht anders. Besonders wichtig bei einem solchen Vorhaben ist es, möglichst reinerbige Tiere einzusetzen. Dieses ist bei den Meerschweinchen nicht gerade einfach. Es gibt bis heute noch keine einfache und zufriedenstellende Möglichkeit, die Tiere zu kennzeichnen und zu registrieren und damit ihre Herkunft zu belegen.
Da Meerschweinchen eine sehr dicke Haut haben, ist das Chippen eine nicht so schöne Angelegenheit. Die Kosten wären ein zweiter Grund, der mit berücksichtigt werden müsste. Aus diesen Gründen wendet man sich zurzeit noch beim Kauf eines Tieres an einen Züchter seines Vertrauens, der die Vorfahren eines Meerschweinchens mithilfe eines schriftlichen Stammbaums bescheinigt.
Ein anderer, längerer Weg ist es, sich die Tiere selbst zu züchten. Hierzu beobachtet man genau jeden Wurf einer Verpaarung sowie die Elterntiere und beurteilt die Jungtiere nach rassespezifischen Gesichtspunkten. Um hierbei nicht unnötige Zuchtversuche zu unternehmen, bedient man sich der jeweiligen Farbformel. Aus dem Zusammenspiel der dort aufgeführten Genpaare und ihrer Zusammensetzung von dominant oder rezessiv kann man sein Wurfergebnis teilweise vorhersagen.

Die einzelnen Genpaare werden hierbei, wie schon erwähnt, mit Buchstaben gekennzeichnet. Die Farbformel eines Meerschweinchens mit der Farbe Schwarz-Rot-Agouti (Goldagouti) setzt sich zum Bespiel wie folgt zusammen:
AA BB CC EE PP SS rnrn

Genfaktor A (Agouti-Gen)

Die A-Gene erzeugen die Agoutifärbung der einzelnen Haare. Hierbei kommt die Grundfarbe des Fells immer aus der **„Schwarzen Reihe".**
Beim A-Faktor handelt es sich um einen dominanten Gentyp. Es entstehen also auch Tiere des Phänotyps, die zwar äußerlich wie ein Agouti aussehen, aber spalterbig sind und das Aa-Genpaar besitzen. Bei Verpaarungen von zwei solchen Tieren entstehen deshalb auch einfarbige Tiere.

Aa x Aa = 25 % AA (Agouti reinerbig), 50 % Aa (Agouti spalterbig), 25% aa (einfarbige Tiere der „Schwarzen Reihe")

Möchte man wissen, welche Gene so ein Agouti besitzt, kreuzt man ein Meerschweinchen der „Schwarzen Reihe" mit einem dieser Agouti. Kommen hierbei in den Würfen agoutifarbene und einfarbige vor, ist das Agouti spalterbig. Kommen immer nur agoutifarbene vor, ist die Chance umso größer, dass das Agoutitier reinerbig ist, je öfter diese Verpaarung durchgeführt wird.
Tiere aus der **„Roten Reihe"** können ebenfalls das Agouti-Gen besitzen. Man sieht dies aber nicht, weil das fehlende E-Gen keine dunkle Farbe im Haar ermöglicht. Den Beweis hierfür liefert die Verpaarung von schwarzen mit roten Meerschweinchen. Fallen hierbei Schwarz-Rot-Agoutis, muss das A-Gen vom roten Tier stammen. Das schwarze Meerschweinchen ist auf jeden Fall mit aa-Genen ausgestattet, da es sonst eine Agoutifarbe zeigen würde. Dafür liefert das schwarze Meerschweinchen das E-Gen dazu, welches ein Schwarz-Rot-Agouti benötigt, aber beim Rot (ee) nicht vorhanden ist.

Agouti Meerschweinchen besitzen einen schmalen Bauchstreifen. Dieser entfällt bei den **Solidagoutis**. Bei ihnen kommt der Agoutifaktor von einem ar-Gen, das sich aber genauso verhält wie das A-Gen. Diese Tiere sind im Ganzen etwas dunkler und besitzen kein Ticking auf den Füßen. Die Farbbänder findet man nur an den Haarspitzen.
In Bezug auf das dominante A-Gen verhält sich das ar-Gen rezessiv. Dies bedeutet, dass es Agouti-Meerschweinchen gibt, die Solid-Gene tragen, aber keine Solidagoutis, die ein Agouti-Gen besitzen.

Als dritte bekannte Art der Agoutis gelten die **lohfarbigen Tiere**. Die Bezeichnung wurde in Anlehnung zu den Lohkaninchen gewählt. Kleine Unterschiede sind allerdings vorhanden. Bei den Kaninchen ist der Begriff Loh mit der roten/goldenen Lohe verbunden. Beim Meerschweinchen dürfen alle Farben der „Roten Reihe" vorhanden sein. Der farbige Genickkeil fehlt bei einem Meerschweinchen komplett.
Die lohfarbigen Meerschweinchen entstehen durch das at-Gen. Dieser Farbschlag besitzt einen breiten Bauchstreifen, Augenringe, Ohrflecken, Nasen und Kinneinfassung und die Tippingzone entlang eines möglichst breiten Streifens an Brust, Flanke und Hinterhand. Die Behaarung der Innenseite der Füße soll die Deckfarbe ebenfalls zeigen. Auf den Füßen befinden sich die Zehenflecken.
Im Vergleich zum dominanten A verhält sich das at-Gen rezessiv. Dies bedeutet, dass es, wie oben bereits genannt, Agouti

Meerschweinchen gibt, die Loh-Gene tragen, aber keine lohfarbigen, die Agouti-Gene besitzen.
Treffen Solidagouti-Gene arar zusammen mit Loh-Genen atat, entstehen arat Tiere. Diese sehen im Phänotyp aus wie ein Agouti mit Überzeichnung.

Tiere aus der „Schwarzen Reihe", besitzen immer aa-Gene. Bei Tieren aus der „Roten Reihe" können alle möglichen Agouti-Kombinationen vorhanden sein (siehe oben).

Agouti-Gene

A = Agouti (Schwarz-Rot-Agouti, Schwarz-Buff-Agouti ...)

- AA = reinerbiges Agouti mit Agoutizeichnung
- Aar = spalterbiges Agouti mit Agoutizeichnung, trägt Solid-Gene
- Aat = spalterbiges Agouti mit Agoutizeichnung, trägt Loh-Gene
- Aa = Spalterbiges Agouti mit Agoutizeichnung, trägt Einfarbigkeit

ar = Solidagouti (Schwarz-Rot-Solidagouti, Schwarz-Buff-Solidagouti ...)

- arar = reinerbiges Solidagouti mit Solidagoutizeichnung
- ara = spalterbiges Solidaggouti mit Solidagoutizeichnung, trägt Einfarbigkeit

at = Loh (Schwarz-Rot-Loh, Schwarz-Buff-Loh ...)

- atat = reinerbiges Loh mit Loh-Zeichnung
- ata = spalterbiges Loh mit Loh-Zeichnung, trägt Einfarbigkeit

arat = Mischung (Schwarz-Rot-Mischung, Schwarz-Buff-Mischung ...)

- arat = spalterbiger Mischling (phänotypisch ein schlechter Agouti)

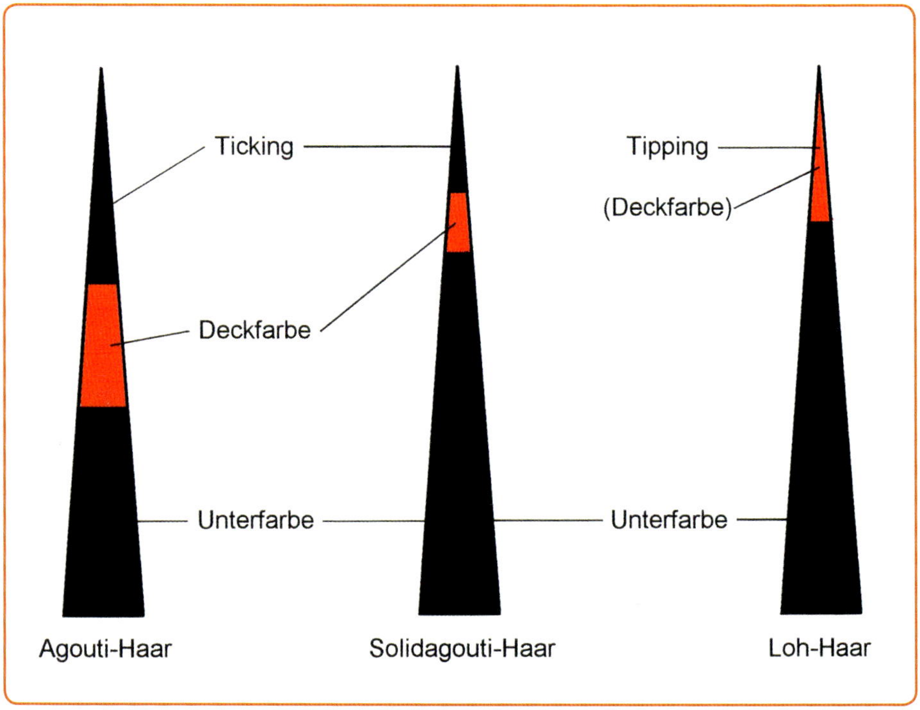

a = Einfarbige der „Schwarzen Reihe“ (Schwarz, Schokolade, Slate Blue ...)

- aa = Einfarbige der „Schwarzen Reihe“; bei „Roter Reihe“ alle Kombinationen möglich, werden aber nicht sichtbar

Genfaktor B (Black- bzw. Brown-Gen)

Das BB-Genpaar tritt im Allgemeinen als dominantes Genpaar bei vielen Farben und Zeichnungen auf. Entsteht aber ein Tier mit dem Genpaar bb, erhält man Meerschweinchen aus der „Schokoladen und Beigen Gruppe“. Hierunter fallen die Wildfarbenen, die Einfarbigen und die Zeichnungs-Meerschweinchen. Tritt das Genpaar als Bb auf, bekommt man ein schlechtes schwarzes Tier, also oft ein etwas matteres und bräunliches Fell. Der tiefblaue Schimmer in der Deckfarbe fehlt. Je stärker dazu die Aufhellung auf den C-Faktor ist, je schlechter wird das Schwarz.

Bei den Tieren der „Roten Reihe“ sollten bei allen anderen Farben – außer bei dem Rot selbst – bb-Gene anwesend sein. Denn die roten Tiere benötigen für die schwarze Pigmentbildung BB-Gene. Bei allen andern Farben der „Roten Reihe“ müssen die Ohren, Fußsohlen und Augenlider möglichst pigmentlos sein. Deshalb sind bei ihnen auch zur Vermeidung eines Schokoschleiers im Fell die bb-Gene von Vorteil.

Die Farbbezeichnung Sepia gibt es theoretisch nicht. Hiermit ist gemeint, dass die Farbe Schwarz recht hell bis bräunlich ist. Dies entsteht durch die Gene b, cd, cr, und ca. Es ist also nichts anderes als ein schlechtes Schwarz.

Black- bzw. Brown-Gene

B = Black- bzw. Brown (Schwarz, Schokolade, Slate Blue, Coffee, Lilac und Beige)

- BB = reinerbiges Schwarz
- Bb = spalterbiges Schwarz, trägt Schokolade
- bb = reinerbiges Schokolade

Genfaktor C (Chinchilla-Gen)

Die C-Gene bestimmen die Farben der „Roten Reihe“ (Rot, Buff, Creme und Weiß) von voller Pigmentierung bis fast Albinismus. Das Genpaar cc, also reiner Albinismus, kommt bei Meerschweinchen wahrscheinlich nicht vor. Tiere, die das volle Genpaar CC besitzen, zeigen bei Nichtvorhandensein von schwarzer Farbe (ee-Gene) eine volle farbliche Pigmentierung. Dieses ist der Fall bei den Farben Rot, Gold rote Augen und Gold dunkle Augen.
Eine Verdünnung hiervon sind Tiere mit den cdcd-Genen. Hier wirkt sich dieser Faktor so aus, dass die Farbe Buff entsteht. Bei den cdcr- oder cdca-Genen wird die Fellfarbe zu Creme dunkle Augen. Beim Vorhandensein der crcr-Gene tritt die Farbe Weiß dunkle Augen auf. Die caca-Gene erzeugen die Farbe Weiß rote Augen.

Bei der Bildung der Himalaya-(Russen-) Zeichnung müssen die caca-Gene und mindestens ein E-Gen gleichzeitig auftreten. Bei allen anderen Kombinationen von C- und E-Genen tendiert die Fellfarbe von Tiefschwarz über verschiedene Grautöne. Dies gilt in sehr geringem Maße auch für die Aufhellung der Pigmentierung und die Glut in der Augenfarbe. Tritt das C-Gen in anderen Kombinationen (mit cd, cr oder ca) ohne E-Gene auf, entstehen verschiedene Schwebefarben, oft auch als Farbe Orange bekannt.

Der ck-Genfaktor verhält sich ähnlich dem cd-Genfaktor. Auch die Augenfarbe verändert sich oft und zeigt dann einen leicht rötlich schimmernden Effekt (Glut).

Chinchilla-Gen
C = volle Färbung (Rot, Gold dunkle Augen und Gold rote Augen)
- CC = reinerbiges volles Rot/Gold mit voller Färbung
- Ccd = spalterbiges Rot/Gold
- Ccr = spalterbiges Rot/Gold, sieht aus wie Buff, trägt Weiß
- Cca = spalterbiges Rot/Gold, sieht aus wie Buff, trägt Weiß
- Cc = ?

cd = Aufhellung der Färbung (Buff und Safran bzw. Creme dunkle Augen und Creme rote Augen)
- cdcd = reinerbiges Buff
- cdcr = spalterbiges Creme, trägt Weiß
- cdca = spalterbiges Creme, trägt Weiß
- cdc = ?

cr = Unterdrückung der Färbung
- crcr = reinerbiges Weiß
- crca = spalterbiges Weiß
- crc = ?

ca = Unterdrückung der Färbung mit dem Himalaya-Gen
- caca = reinerbiges Weiß, Unterdrückung der Augenfarbe
- cac = ?

c = Albinismus
- cc = reinerbiger Albinismus entfällt vermutlich

Genfaktor E (Extensions-Gen)

Die E-Gene sind zuständig für das Sichtbarwerden der schwarzen Fellfarbe bei den Tieren, die aus dem Bereich der schwarzen Farben stammen. Hierunter fallen alle Wildfarbigen sowie alle Einfarbigen der „Schwarzen Reihe“: Schwarz, Schokolade, Slate Blue, Coffee, Lilac und Beige. Zeichnungstiere, die eine Farbkombination mit der „Schwarzen Reihe“ haben, tragen auch das E-Gen.
Die E-Gene überdecken alle Farben der „Roten Reihe“. Meerschweinchen, welche

Dies sind Tiere mit den Genen CC (links), cdcd (Mitte) und crcr (rechts).

die ee-Gene besitzen, kommen aus dem-Bereich der „Roten Reihe“ wie Rot, Gold dunkle Augen, Gold rote Augen, Buff, Safran, Creme dunkle Augen, Creme rote Augen, Weiß dunkle Augen und Weiß rote Augen.
Als Besonderheit der E-Gene tritt noch das Genpaar epep auf. Dieses ist verantwortlich für die Entstehung von Färbungen, wie es die Schildpatt, Brindle, Dreifarbigen usw. zeigen: Es erlaubt also, dass je eine Farbe der „Schwarzen Reihe“ wie auch eine der „Roten Reihe“ sichtbar wird. Die Farbfelder der „Schwarzen Reihe“ können auch in einer der fünf Agoutiarten gezeigt werden.

Extensions-Gen

E = Erscheinen der schwarzen Farben (alle wildfarbigen Tiere und manche Zeichnung)

- EE = reinerbiges Erscheinen der schwarzen Farben bzw. Wildfarben
- Eep = spalterbiges Erscheinen der schwarzen Farben bzw. Wildfarben
- Ee = spalterbiges Erscheinen der schwarzen Farben bzw. Wildfarben

ep = Erscheinen der Schildpatt- oder Brindlezeichnung (Wildfarben können sichtbar werden)

- epep = reinerbiges Erscheinen der Schildpatt- bzw. Brindlezeichnung
- epe = spalterbiges Erscheinen der Schildpatt- bzw. Brindlezeichnung

e = Unterdrückung der schwarzen Farben, Farben der „Roten Reihe“ werden sichtbar

- ee = reinerbige Unterdrückung der schwarzen Farben

Genfaktor P (Pale-Gen)

Die P-Gene bewirken bei den Tieren, bei denen sie in spalt- oder reinerbiger Form auftreten, die dunklere Augenfarbe. Meerschweinchen mit dem Genpaar pp besitzen rote Augen. Tiere mit den Genen prpr zeigen rubinrote, echte Feueraugen.

Eine Besonderheit der pp-Gene ist die Verbindung mit der Farbintensivität des Fells und der Pigmentierung der Haut. Sie verdünnen die Farben der „Schwarzen Farbreihe“ sehr stark: Schwarz wird zu Lilac, Schokolade zu Beige. Auf die Farben der „Roten Farbreihe“ wirken sie sich kaum aus: Gold dunkle Augen zu Gold rote Augen, Buff zu Safran, Creme dunkle Augen zu Creme rote Augen usw. Dies gilt natürlich auch für die Wildfarbigen und die Zeichnungstiere.

Pale-Gen

P = Erscheinen der dunklen Augenfarbe

- PP = reinerbige volle Farben mit sehr dunklen Augen
- Ppr = spalterbige minimal aufgehellte Farben mit dunklen Augen
- Pp = spalterbige minimal aufgehellte Farben mit dunklen Augen

pr = Erscheinen der rubinfarbigen, echten Feueraugen

- prpr = reinerbige Farbaufhellung mit echten Feueraugen
- prp = spalterbige Farbaufhellung mit echten Feueraugen

p = Erscheinen der roten Augenfarbe

- pp = reinerbige starke Farbaufhellung in der „Schwarzen Reihe“

Die Benennung „Echte Feueraugen“ soll ausdrücken, dass es sich um die Augenfarbe handelt, die durch prpr entsteht.

Neben den prpr-Genen verändern auch b, cd, cr, p und Rn die Augenfarbe in einen dunklen Farbton mit Glut, oft ebenfalls als Feueraugen bezeichnet.

Genfaktor S (Selfcolor-Gen)

Die S-Gene bestimmen, ob ein Tier weiße Farbfelder zeigt oder nicht. Beim Auftreten von SS besitzt das Meerschweinchen keine weißen Farbfelder.
Ist das Genpaar spalterbig vorhanden, also Ss, kann das Tier einige kleine weiße Fellstellen zeigen (eine Zehe, Schnippe auf der Nase usw.). Meistens zeigt es aber auch keine weißen Farbfelder. Nur bei den Zeichnungstieren wie Holländer, Zweifarbige mit Weiß und Dreifarbige mit Weiß, die das ss-Genpaar besitzen, sind große weiße Farbfelder im Fell. Je nach Farbschlag sollen diese jedoch nach Standard anders verteilt oder angeordnet werden.
Eine phänotypische Besonderheit ist der Vollschecke. Bei diesem Tier haben sich die weißen Felder so vergrößert, dass das ganze Meerschweinchen weiß ist. Auch diese Tiere haben das ss-Genpaar.

Selfcolor-Gen
S = Weißscheckung
- SS = reinerbige Fellfärbung ohne weiße Farbfelder
- Ss = spalterbige Fellfärbung, minimale weiße Farbfelder möglich
- ss = reinerbige Fellfärbung, weiße Farbfelder bis zu 100 % Weiß

Genfaktor Rn (Roan-Gen)

Ein Meerschweinchen mit den Rnrn-Genen zeigt die Schimmel- oder Dalmatiner-Zeichnung und ist ohne Einschränkungen lebensfähig. Um diese Tiere zu bekommen, werden einfarbige mit Tieren der oben genannten Zeichnungen verpaart; für mehrfarbige Dalmatiner oder Schimmel werden Schildpatt oder Brindle verwendet. Würfe aus diesen Verpaarungen sind zu 50 % Schimmel bzw. Dalmatiner und zu 50 % Farbige.

Da der Rn-Faktor dominant ist und selbst in der spalterbigen Form die Schimmel- oder Dalmatiner-Zeichnung zeigt, tragen alle farbigen Meerschweinchen das rnrn-Genpaar. Schimmel und Dalmatiner haben Kopf und Füße in Grundfarbe. Zusätzlich besitzen die Dalmatiner eine Blesse, Schimmel dürfen keine zeigen. Weiße Krallen sind bei beiden Varianten nicht erwünscht.

Das Rn-Gen erzeugt in Reinerbigkeit (RnRn) Totgeburten und nicht lebensfähige, missgebildete, weiße Tiere (Letalfaktor). Die Reinzucht RnRn gilt daher nach dem Tierschutzgesetz als Qualzucht und ist in Deutschland verboten.

Roan-Gen
Rn = Schimmel- oder Dalmatiner-Zeichnung entsteht
- RnRn = reinerbige, nicht lebensfähige Tiere. Verboten!
- Rnrn = spalterbige Schimmel- oder Dalmatiner-Zeichnung entsteht
- rnrn = reinerbige Fellfärbung ohne Schimmel- oder Dalmatiner-Zeichnung

Genfaktor D (Dilute-Gen)

Lange Zeit dachte man, dass es das Dilute-Gen, den sogenannten Verdünnungsfaktor, wie er zum Beispiel bei Goldhamstern (Syrische Hamster), Mäusen, Ratten, Kaninchen, Katzen und Hunden vorkommt, bei den Meerschweinchen nicht gibt. Inzwischen sind allerdings Tiere in Dänemark geboren worden, die sich in ihrer Fellfarbe deutlich von den bis heute bekannten Slate Blue unterscheiden. Sie zeigen eine deutlich dunklere Blaufärbung (Blaugrau). Somit kann man davon ausgehen, dass das Dilute-Gen auch bei Meerschweinchen bei der Farbgenetik beteiligt ist.

Bei den meisten gezielt gezüchteten Tierarten tritt das Dilute-Gen in zwei Varianten auf, nämlich D und d.

Dilute-Gen
D = Blaufärbung

- DD = die Farben werden nicht aufgehellt
- Dd = die Farben werden nicht aufgehellt, die Tiere tragen aber den Aufhellungsfaktor
- dd = die Farben werden aufgehellt

Die Zukunft wird nun zeigen, ob wirklich das D-Gen für die Blaufärbung bei diesen Tieren verantwortlich ist oder ob es sich um ein anderes, fremdes Gen handelt. Ebenfalls gilt es zu beobachten, ob dieses Gen nur die „Schwarze Reihe“ aufhellt wie Schwarz zu Blau (Blaugrau) und Schokolade zu Braun (Kastanie) oder auch die „Rote Reihe“.
In der Kaninchenzucht verändert dieses Gen die Farbe Schwarz zu Blau. Bei Schwarz-Rot-Loh wird das Schwarz zu Blau. Eine Aufhellung in der Lohe ist dabei nicht zu erkennen.
Wie dieses Beispiel aus der Kaninchenzucht verdeutlicht, ist dort die Auswirkung des D-Gens auch auf alle Wildfarben (Agouti, Solidagouti, Loh usw.) möglich. Inwieweit sich die Farben durch die verschieden Pale-Faktoren (Augenaufhellung) usw. verhalten, wird für jeden Genetik-Fan und Züchter eine spannende Sache werden.

Genfaktor F (Fading-Gen)

Die F-Gene sollen sich als Gelbverstärker auf die Farben der „Roten Reihe“ auswirken, und zwar besonders deutlich bei Buff und Safran. Die Farben sollen durch dieses Fading-Gen viel intensiver und strahlender leuchten. Ob dieser Effekt wirklich durch das Genpaar oder durch die reine Verstär-

Schwarz-Weiß-Loh mit der Erbformel atat BB crcr EE PP SS rnrn

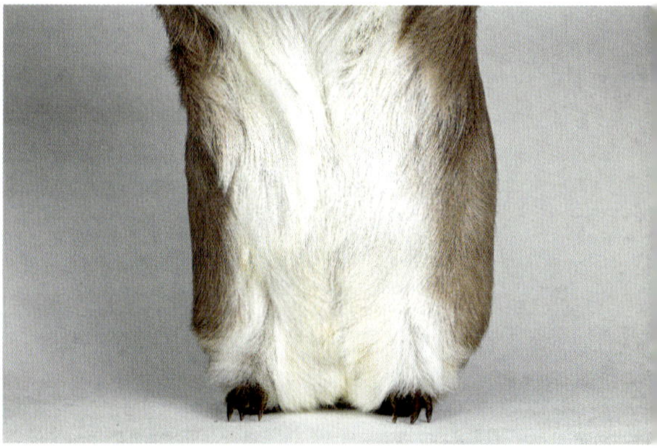

Slate Blue-Weiß-Loh mit der Erbformel atat BB crcr EE prpr SS rnrn

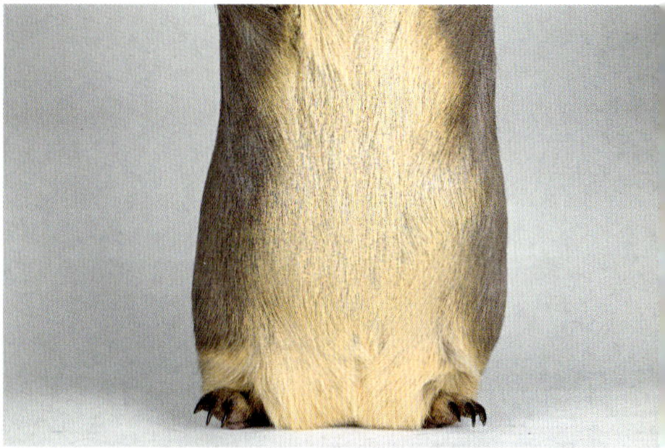

Slate Blue-Safran-Loh mit der Erbformel atat BB cdcd EE prpr SS rnrn

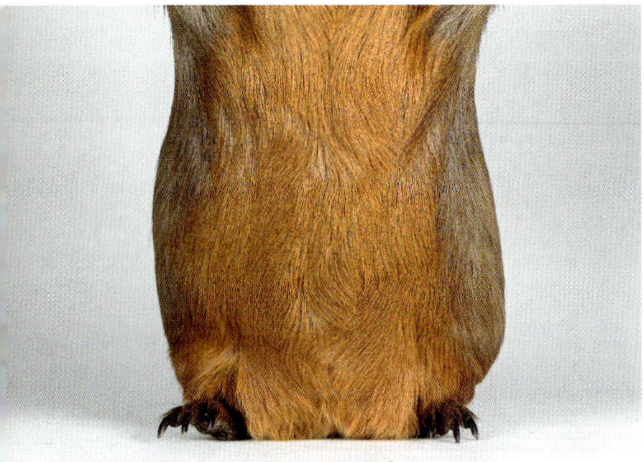

Slate Blue-Gold-Loh mit der Erbformel
atat BB CC EE prpr SS rnrn

Schwarz-Rot-Loh mit der Erbformel
atat BB CC EE PP SS rnrn

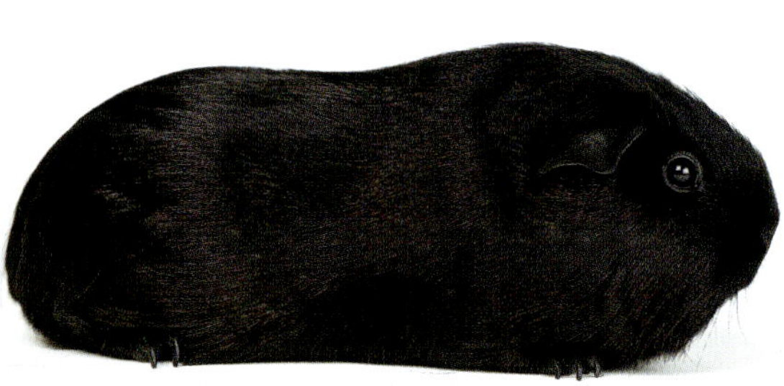

Schwarz mit der Erbformel
aa BB CC EE PP SS rnrn

kung in der Selektionszucht hervorgerufen wird, ist wissenschaftlich noch nicht geklärt. Auf den folgenden Bildern sind Tiere mit verschiedenen Kombinationen der oben erwähnten Genpaare zu sehen.

Melanozyten

Zum Schluss dieses Kapitels bleibt eigentlich nur noch eine Frage offen:
Wie kommt die Farbe ins Meerschweinchen(fell)?

Dies geschieht beim Meerschweinchen wie beim Menschen über die Pigmentzellen die sich in der Haut, in den Haaren und den Augen befinden. Diese Pigmentzellen werden Melanozyten genannt. Sie geben Pigmente (Melanosome) ab. Diese transportieren sie in die Hautschicht, in die Haare bzw. in die Netzhaut des Auges.
Für die Färbung ist es dabei nicht wichtig, wie viele Melanozyten ein Meerschweinchen hat. Diese ist nämlich bei allen Tieren in etwa gleich. Von Bedeutung ist die Menge bzw. die Art des gebildeten Melanins. Für die Schwarz-/Braun-Färbung ist das Eumelanin zuständig, für die Rot-/Gelb-Färbung das Phäomelanin. Die Anzahl und das Mischungsverhältnis sorgen dann für die Farbe.

Ausnahme ist das weiße Haar. Hierbei wird kein Melanin gebildet und Luft wird in den Haaren eingeschlossen. Dadurch erscheint das Haar weiß.

Am Beispiel dieser drei Tiere sieht man die Veränderung der C-Reihe:
CC = Gold (links), cdcd = Buff (Mitte), cdcr = Crème (rechts)

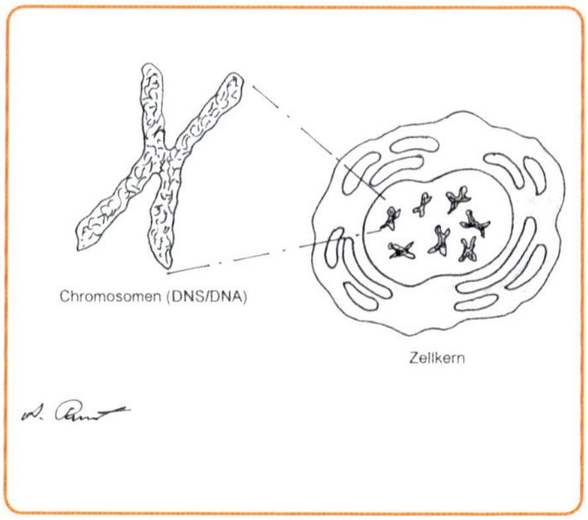

Die Chromosomen befinden sich im Zellkern.

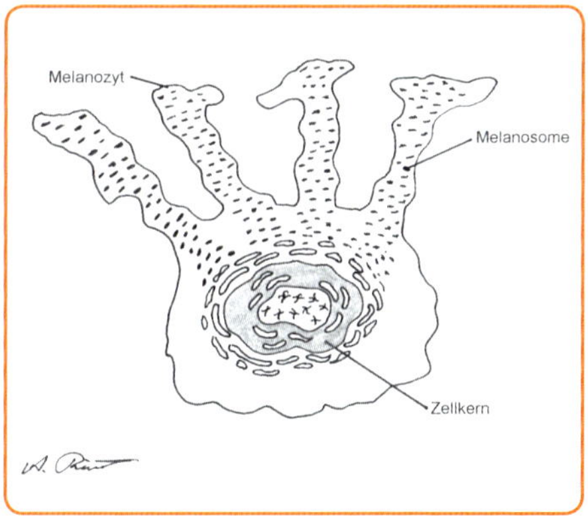

So kann man sich einen Melanozyt vorstellen.

Der Code, was wie und wo gebildet wird, liegt natürlich in den Genen (DNS/DNA), welche die Chromosomen bilden. Dieser Produktionsauftrag ist im Zellkern der Melanozyten eingebettet. Er gibt Anweisung darüber, was, wo und wie viel hergestellt wird.

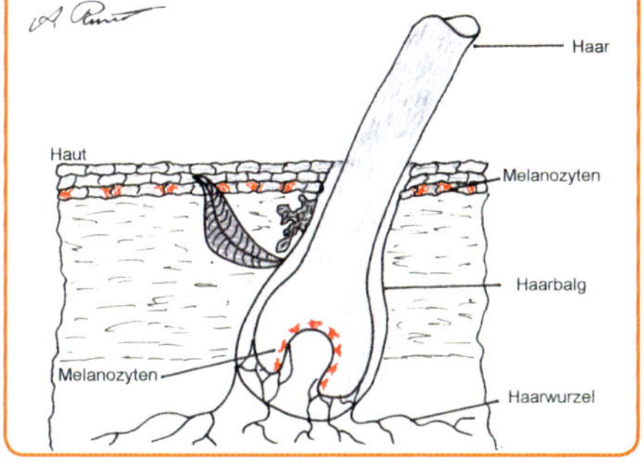

Melanozyten befinden sich in der Haut und in den Haarwurzeln.

Zucht

Mit dem Begriff Zucht bzw. Rassezucht ist die gezielt herbeigeführte Verpaarung von Meerschweinchen gemeint. Ziel sollte hierbei eine sehr gut geplante Neuerschaffung der nächsten Generation sein. Leider wird die hierfür erforderliche Sachkunde, die ein Züchter dabei leistet, oft noch nicht einmal ansatzweise gewürdigt. Ich hoffe mit diesem Buch, dies nun einmal ins rechte Licht rücken zu können.

Vom Anfänger zum Züchter

Jeder, der dem Hobby der Meerschweinchenzucht verfallen ist, wird automatisch mehrere Phasen durchleben und sich weiterentwickeln. Mein Anliegen ist es, dies einmal genauer zu verdeutlichen. Denn der Spruch „Es ist noch kein Meister vom Himmel gefallen" trifft hier voll und ganz zu.

Phase 1: die Findungsphase

Der Grund, warum man in dieses Hobby einsteigt, kann ganz unterschiedlich sein. Es kann sein, dass man einmal eine Ausstellung besucht hat und von der Vielzahl der Rassen und Farben begeistert wird und sich „anstecken" lässt. Es ist auch möglich, dass man zum Kauf von Meerschweinchen zu Besuch bei einem Züchter ist und die Faszination des Hobbys dort live erlebt. Manchmal wird auch einfach ein Jugendtraum war, den man sich nun als Erwachsener erfüllen kann. Neben diesen aufgeführten Wegen gibt es bestimmt noch viele weitere, um das Hobby der Meerschweinchenzucht für sich zu entdecken.

Eines wird danach auf alle zutreffen: Als Anfänger wird man durch eine Findungsphase gehen. Dabei ist es egal, ob man sofort eine Rasse/Farbe findet und so von ihr begeistert ist, dass man sie für die nächsten Jahre oder Jahrzehnte züchtet, oder mehrere Rassen/Farben in seinen Stall

Der stolze Vater mit seinem Nachwuchs

aufnimmt. In dieser Phase lernt man das Hobby und alles, was damit zu tun hat, näher kennen. Irgendwann wird die Erkenntnis kommen, ob die Rassen/Farben, die man dann sein Eigen nennt, wirklich zu einem passen.

Phase 2: die Selektionsphase
In diesem Schritt wird man Stück für Stück sein Augenmerk auf die eine oder andere Rasse/Farbe legen. Man wird die Gruppenstärke ausbauen und gleichzeitig andere Rasse/Farben wieder abgeben oder auslaufen lassen. In dieser Selektionsphase beginnt man seine Tiere inzwischen mit dem Wissen, das man hat, genauer zu betrachten. Hiermit ist gemeint, dass man nicht nur auf einen runden Kopf mit runden Augen achtet und Tiere mit einer Ohrfalte als ein Tier mit einem großen Fehler ansieht. Nein, auch Punkte wie eine breite Schulter, eine runde Hinterhand, die passenden Gene usw. werden zur Selektion herangezogen.

Phase 3: die Lernphase
In dieser Phase erlernt man, wie sich die einzelnen Merkmale der Tiere in der Zucht verändern. Man beschäftigt sich mit dem Standard. Die Berücksichtigung von leichten und schweren Fehler fließen immer mehr in die Zucht bzw. Linie ein. Die Qualität der Meerschweinchen pendelt sich auf den ersten Ausstellungen bei SG (sehr gut) ein. Gelegentlich ist auch schon einmal ein Tier mit einem HV (hervorragend) dabei.

Phase 4: die Verbesserungsphase
Man kennt seine Meerschweinchen inzwischen so genau, dass man ihre kleinen Schwächen zu beurteilen und zu verbessern weiß. Die Qualität der Tiere steigt auf das Prädikat HV (hervorragend). Die Linie ist gefestigt. Überraschungen in der Genetik treten bei Eigenzuchten nicht mehr auf. Erste Platzierungen in den verschiedenen Klassen kommen bereits vor.

Phase 5: die Perfektionierungsphase
In dieser Phase versucht ein jeder Züchter, die letzten kleinen Optimierungen in seiner Linie umzusetzen. Platzierungen in den Hauptklassen sowie Best in Show, Beste Kollektion und Bester Aussteller werden möglich. Diese Phase wird dabei zur Endlosschleife.
Die Schwierigkeit liegt darin, über viele Jahre das Niveau seiner Rasse/Farbe auf diesem Level zu halten. Es wird schwer, Meerschweinchen aus anderen Linien mit aufzunehmen, ohne hier und da auch ein paar Abstriche in der Qualität zu haben. Diese gilt es wieder schnellstens auszugleichen. Somit behält dieses Hobby seinen Reiz. Langweilig wird es nie.

Jeder Züchter wird sich in diesen Phasen wiederfinden. Es ist eine logische Entwicklung, die man durchlebt. Ich möchte damit jedem Anfänger verdeutlichen, dass man Geduld und den Willen haben muss, sein Fachwissen zu erweitern und umzusetzen. Leider sieht die Realität oft anders aus. Anfänger kaufen sich ohne genügende Kenntnisse eine Gruppe Meerschweinchen. Ihr Fachwissen reicht zu diesem Zeitpunkt bei Weitem noch nicht aus, um die Tiere zu verbessern oder die Qualität, welche die Tiere bereits besitzen, aufrechtzuerhalten. Schnell verlieren die Leute die Lust. Ausdauer und Ehrgeiz sind nicht sehr stark ausgeprägt. Kommentare wie „Man bekommt ja keine guten Tiere" werden getätigt. Die Meerschweinchen werden wieder abgeschafft.

Wie in der Einleitung zu diesem Kapitel bereits erwähnt: Das Motto „Hoppla, jetzt komme ich" funktioniert in der Meerschweinchenzucht nicht. Es ist ein langer und anstrengender Weg. Man trägt eine sehr hohe Verantwortung für die Tiere und ihre Gesundheit. Reich wird man durch die Zucht von Meerschweinchen sowieso nicht. Im Gegenteil – es ist ein Hobby, was neben Geld auch eine Menge Zeit kostet. Aber es ist auch ein Hobby, das sehr viel Spaß macht. Man sieht, wie Leben entsteht und heranwächst. Man hat mit der Natur und mit Menschen zu tun. Ja, ich könnte mir kein schöneres Hobby vorstellen.

Eine Erfahrung möchte ich auch noch gern weitergeben. Es ist immer ratsam, mindestens zwei Rassen/Farben zu züchten. Seltsamerweise ist es so, obwohl man alles richtig macht, dass es in der einen Rasse/ Farbe gerade gut läuft und in der anderen nicht. Man macht nichts anders, trotzdem ist dieser Effekt oft zu beobachten. Das Gute ist, dass die Rasse/Farbe, bei der alles in Ordnung ist, einen etwas über die nicht so guten Erfolge in der anderen Gruppe hinwegtröstet.

Die Zuchtmethoden

Oft benutzen Züchter die verschiedensten Begriffe für die unterschiedlichsten Methoden. Hierbei ist die Benennung nicht das Wichtige, sondern die Art, die man anwendet. Diese sollte immer gut überlegt sein. Es ist der erste Schritt zum Züchter und die Abkehr vom Vermehrer.

Reinzucht

Der Begriff Reinzucht beschreibt die Verpaarung mit Tieren gleicher Rasse bzw. Farbformel. Diese Methode wird von den meisten Züchtern zur Stabilisierung der Linie angewendet. Ausnahmen hierbei gibt es. Die Reinzucht von Dalmatiner/Schimmel ist gesetzlich verboten. Bei der Farbe Creme ist es genetisch erst gar nicht nicht möglich, denn diese Farbe entsteht durch die Kombination cdcr oder cdca. Sie kann also nur in der Mischform auftreten. Ein Züchter, der behauptet, rein gezogene Creme zu züchten, hat also einfach kein genetisches Fachwissen. Ein besonderes Risiko birgt die Einkreuzung gruppenfremder Tiere zur Blutauffrischung einer Reinzuchtpopulation. Rezessive Gene können hierbei jahrelange Zuchtarbeit zerstören.

Ein Beispiel:
Ein Schwarz-Züchter hat es geschafft, seine Tiere alle auf dem Schwarz-Gen BB und dem Rot-Gen CC gezüchtet zu haben. Nun kreuzt er ein neues fremdes Tier in seine Linie ein. Sollte dies BB (Schwarz/Schwarz) und Ccr (Rot/Weiß) besitzen, verteilt sich langsam das cr Gen (Weiß) in seiner ganzen Gruppe. In dem Moment, in dem bei den ersten Tieren crcr aufeinander trifft, wird der Fehler dann teilweise sichtbar. Die Unterfarbe wird gräulich hell. Nun ist es ein richtiges Problem festzustellen, welche der Tiere noch BB CC und welche BB Ccr sind, da es kaum im Phänotyp feststellbar ist. Für den Züchter also ein echtes Desaster! Dieses Beispiel zeigt auf, wie schwierig die Zucht der dominanten gegenüber den rezessiven Farben ist.

Verdrängungszucht

Bei der Verdrängungszucht versucht ein Züchter, einen Genfaktor aus seinen Tieren herauszuzüchten. Bei dominanten Genen ist dies recht einfach. Rezessive Gene sind dann vorhanden, wenn sie im Phänotyp sichtbar geworden sind. Umgekehrt ist es viel schwieriger.

Ein Beispiel:
Ein Züchter möchte aus Tieren mit dem Weißscheckungsfaktor ss einfarbige Tiere

züchten. Zuerst wird er SS-Tiere (ohne weiße Felder) verwenden. Die F1 ist einfarbig Ss. Nun gilt es auch, das rezessive zweite s-Gen herauszuzüchten. Dazu setzt man neue SS-Tiere in die Verpaarung, nun fallen zu 50 % SS und zu 50 % Ss F2-Babys. Der nächste Schritt wäre dann, diese F2 wieder mit einem Tier mit Scheckungsfaktor zu kreuzen. Fallen in den Würfen Babys mit weißen Feldern, ist noch Ss im Spiel. Fallen nur einfarbige, besteht die Chance auf SS. Eine Garantie gibt es dabei aber nicht, denn auch diese Tiere können immer noch Ss besitzen.

Eine weitere Möglichkeit zur Aufdeckung von rezessiven Genen ist die Rück- oder Geschwisterverpaarung, also die Inzucht.

Inzucht

Inzucht entsteht bei der Verpaarung von Vater mit Tochter, Mutter mit Sohn oder Bruder mit Schwester. Der Vorteil liegt in der Festigung der Gene bzw. der Möglichkeit zur Aufdeckung von rezessiven Genen. Die gelegentliche Anwendung dieser Methode erzeugt auch keine Probleme. Dieser Vorgang geschieht in freier Natur in einer Gruppe/Rotte ebenfalls. Das Problem, was allerdings auftritt, ist das immer stärkere Rückführen auf die Anfangsgene bzw. die Gene der Anfangstiere.

Ein Beispiel:
Bei einer Verpaarung zweier Meerschweinchen besitzt die F1 50 % Gene der Mutter und 50 % Gene des Vaters. Wird diese F1 wieder mit dem Vater rückverpaart, besitzt die F2 einen Vateranteil von 75 %. Verpaart man nun die F3 wieder mit dem Vater, addiert sich der Vateranteil bereits auf 86,5 %. Die nächste Generation wäre bereits bei 93,75 % usw.
Hiermit erreicht ein Züchter also genau das Gegenteil von dem, was er ja eigentlich erreichen wollte. Die neuen Generationen ähneln immer mehr dem Vater (Ausgangstier). Besser ist es hier, regelmäßig ein anderes Vatertier zur Verpaarung zur verwenden. Dies verdeutlicht auch, wie wichtig die Verwendung von mehreren Zuchtböcken in einer Gruppe ist.

Linienzucht

Mit dem Begriff Linienzucht beschreibt ein Züchter die Vermischung mehrerer Zuchtmethoden innerhalb einer Gruppe. Ziel ist es, gleichzeitig eine stabile Rasse/Farbe zu erzeugen, ohne Gefahr zu laufen, zu sehr in die Inzucht zu geraten. Dies bedeutet, dass eine Tiergruppe mindestens aus 20 Meerschweinchen besteht: 4 bis 5 Zuchtböcke, 10 bis 15 Zuchtweibchen, 4 bis 6 Jungtiere (Teenager), bei denen man als Züchter abwartet, ob sie sich

Eine Zuchtgruppe der Farbe Gold dunkle Augen.

zuchttauglich entwickeln oder nicht.
Mit dieser Gruppenbesetzung hat ein Züchter jegliche Möglichkeiten sehr lange zu arbeiten. Dennoch wird der Zeitpunkt kommen, in der eine Blutauffrischung in der Linie von Vorteil sein wird. Leider gehen viele Züchter dann den falschen Weg. Sie nehmen Kontakt mit einem anderen Züchter der gleichen Rasse/Farbe auf und fragen nach einem Weibchen. Die Frage nach einem neuen Männchen wäre die richtige gewesen. Dies ist eigentlich auch ganz logisch. Mit einem neuen Weibchen erneuert man 50 % der Gene in einem Wurf. Mit einem Männchen kann man Schritt für Schritt 50 % der Gene in seiner Linie erneuern.

Die Verpaarung

Das A und O einer erfolgreichen Zucht ist die Auswahl der richtigen Verpaarung sowie die richtige Selektion bei der nächsten Generation.
Natürlich spielen viele andere Punkte ebenfalls eine sehr wichtige Rolle, aber ohne Fachwissen wird das Erreichen eines Zuchtzieles ein Zufall bleiben.

Auswahl der Zuchttiere

Die Zuchttierauswahl ist mit das Schwierigste, was ein Züchter als Entscheidung treffen muss. Hierzu ist es sehr wichtig, möglichst das gesamte Fachwissen in die Auswahl der Verpaarungstiere einfließen zu lassen. Die Hauptfrage, die sich ein Züchter als Erstes stellen sollte, ist: Was ist mein Zuchtziel?
Wie bereits erwähnt: Es geht in einer Zucht nicht darum, möglichst schnell und möglichst viele Nachkommen zu erzeugen.
Neben dem Zuchtziel müssen natürlich die weiteren Fragen ebenfalls gestellt und beantwortet werden:

- Sind meine Tiere, die ich zur Zucht einsetzen will, gesund und zuchttauglich?
- Haben meine Tiere „nur“ die Rassengene, die ich haben möchte, oder nicht?
- Haben meine Tiere „nur“ die Farbgene, die ich haben möchte, oder nicht?
- Habe ich die entsprechenden Tiere, um dem Idealbild nach dem Standard näher zu kommen?

Sollten diese Fragen überwiegend positiv beantwortet werden, geht es zur Verpaarungsauswahl.

Dem Züchterneuling empfehle ich hierbei die Anwendung einer Tabellenübersicht. Hierzu schreibt man alle Bewertungspunkte einer Rasse/Farbe nach dem Standard in die erste Spalte einer Tabelle. Danach spielt man selbst Preisrichter. In den folgenden Spalten trägt man alle Tiere einer Zuchtgruppe ein, und zwar je nach Einschätzung mit positiven bzw. negativen Bewertungspunkten. Ziel ist es, eine Übersicht zu bekommen, welche Verpaarungen sinnvoll sind und welche nicht.

Will man zum Beispiel die Ohren seiner Meerschweinchen verbessern, bringt es nichts, zwei Tiere zu verpaaren, die schlechte Ohren besitzen. Selbst bei der Kombination eines Tieres mit sehr guten Ohren und einem Tier mit schlechteren Ohren ist es nicht garantiert, dass die Babys sehr gute Ohren bekommen. Aber es besteht wenigstens die Möglichkeit.

Beispiel einer Verpaarungstabelle (Glatthaar/Einfarbig)

	Bock 1	Bock 2	Sau 1	Sau 2	Sau 3	Sau 4	Sau 5
Typ	++	o	++	++	+	o	+
Bau	+	++	++	+	o	++	+
Kopf	o	o	+	++	-	++	-
Augen	++	++	+	+	++	o	-
Ohren	-	++	-	-	+	++	++
Haarlänge	+	o	+	+	-	o	o
Haardichte	o	+	+	+	+	+	o
Deckfarbe	++	+	++	++	+	+	++
Bauchfarbe	+	+	++	+	+	+	++
Unterfarbe	+	+	++	+	+	+	++
Kondition	++	+	+	+	+	++	++
Größe	++	+	++	+	o	+	++
Krallen	ok	ok	ok	etwas krumm	ok	ok	ok
Verhalten	gut	gut	sehr gut	gut	hektisch	sehr gut	gut

In diesem Beispiel wird deutlich, dass bei einer Verpaarung von Bock 1 mit Sau 1 und Sau 2 kaum damit zu rechnen ist, dass die Babys sehr gute Ohren bekommen werden. Die Verpaarung Bock 1 mit Sau 4 wäre die bessere Kombination. Eine Sicherheit, dass die Babys bessere Ohren haben werden, gibt es – wie oben bereits erwähnt – dabei nicht.

Trotz jeglicher Planung und Berücksichtigung aller Punkte, die es gibt, gehört der Faktor Glück ebenfalls noch dazu. Eine Schwarz Glatthaar Sau aus unserer Zucht („Sol von Henrichenburg") bekam einmal das Endprädikat V (vorzüglich 99 bis 100 %). Das Tier war also nahezu perfekt. Ihre Schwester aus dem gleichen Wurf wurde an eine Familie als Liebhabertier verkauft. Sie war nicht für die Show oder Zucht geeignet. Was war bei ihr genetisch anders? Nichts, sie hatte ja die gleichen Eltern! Das Glück hatte einfach seine Finger im Spiel.

Zusätzlich veranschaulicht die oben aufgelistete Übersicht sehr gut, wie viel Arbeit über viele Jahre in einer Linie steckt, bis alle Bewertungspunkte + oder ++ sind und warum ein Züchter immer mehrere Tiere in seiner Zuchtgruppe benötigt.
Je länger jemand züchtet, je überflüssiger wird die Unterstützung durch diese Tabelle. Profis beurteilen ihre Tiere irgendwann im Kopf und setzen so ihre neuen Verpaarungen zusammen.

Der richtige Zeitpunkt

Beim Weibchen

In vielen Büchern findet man eine Angabe, ab welchem Alter man seine Meerschwein-

chen in die Zucht setzen sollte. Ich tendiere hingegen dazu, als Bezugsgröße für die Erstbelegung einer Sau das Gewicht zu verwenden. Jahrelange Aufzeichnungen haben ergeben, dass es starke Unterschiede im Wachstumsverhalten der einzelnen Rassen, Farben und Linien gibt. Die wenigsten Komplikationen treten auf, wenn das Weibchen ein Gewicht von etwa 700 bis 750 g erreicht hat. Das Risiko einer zu frühen Belegung ist sehr gering.
Frei lebende Meerschweinchenweibchen werden vom Alphabock viel früher gedeckt. In der Natur dient dies jedoch der Aufrechterhaltung der Population. Ein Züchter hingegen hat sich aber zur Aufgabe gesetzt, Tiere nach dem Idealbild eines Standards zu erzeugen und nicht einfach nur Masse zu produzieren. Er beobachtet daher seine Tiere, die er zur Zucht einsetzen will, und erst, wenn man zu der Einschätzung gekommen ist, dass sich die Tiere so entwickelt haben, wie es den Erwartungen entspricht, sollten sie verpaart werden.

Weitere statistische Auswertungen haben allerdings ergeben, dass eine Erstbelegung einer Sau im Alter über 12 Monate und über 1100 g das Risiko von Trächtigkeits- und Geburtsproblemen stätig steigen lässt. In diesen Fällen kommt es gelegentlich zu einer sehr hohen Belastung der Organe, die dann zu einer Trächtigkeitstoxikose führt.
Die zweite Gefahr liegt in der zunehmenden Verknöcherung der Schambeinfuge. Da der Geburtsvorgang für die Babys dann oft zu lange dauert, verenden diese in der Eihaut. Große Babys kommen kaum oder gar nicht mehr durch den Geburtskanal. Dies führt zu starken inneren Verletzungen bis hin zu einem kompletten Gebärmuttervorfall, also dem Heraustreten des Geburtskanals aus dem Muttertier.

Beim Männchen

Was für die Weibchen gilt, lässt sich auch ungefähr für die Männchen sagen. Auch hier sollte man als Züchter den Tieren die Zeit geben, sich entwickeln zu können. Dies bezieht sich nicht nur auf den Körper, sondern beim Männchen besonders auf den Charakter. Ein Bock, der sich zu früh gegen ausgewachsene Zuchtweibchen behaupten soll, kann damit schnell überfordert sein. Hier besteht die Möglichkeit, dass ein dominantes Weibchen die Alpharolle in der Gruppe behält und der Bock sich unterordnet. Eine Belegung kann hierdurch ausbleiben.
Die Zuchtmännchen in einer Linie sollten daher alle mit genügend Selbstvertrauen ausgestattet sein. Erstaunlich ist die Bandbreite der unterschiedlichen Charaktere. Vom „Weichei“ bis zum „Raufbold“ ist alles vertreten.

Die Belegung

Der Brunftzyklus eines Weibchens wiederholt sich alle 14 bis 18 Tage. Hierbei öffnet sich die Scheidenmembrane. Der Bock wird das Weibchen in dieser Zeit mit einer sich hin und her wiegenden Gangart umgarnen. Dieses Imponiergehabe wiederholt sich eine ganze Zeit lang. Begleitet von einem eher brummenden Laut besteigt der Bock danach die Sau regelmäßig.
Wenn das Weibchen paarungswillig ist, wird sie ihr Hinterteil anheben und gleichzeitig ein Hohlkreuz bilden. Dieser Vorgang kann sich über eine Stunde wiederholen. Nach dem Deckakt wird die Scheide mit einem Deckpfropfen verschlossen. Dieser fällt nach kurzer Zeit wieder heraus und ist oft im Stall zu finden.
Direkt nach einer Geburt ist ein Weibchen sofort wieder aufnahmefähig. Erfahrene Zuchtweibchen steuern ihre Belegung oft

selbst. Hierbei drücken sie ihre Hinterhand auf den Boden. Somit wird ein Deckakt unmöglich. Wird der Bock noch aufdringlicher, wird sie ihn mit einem gezielten Urinstrahl abwehren.

Die Zuchtfähigkeit beim Weibchen

Wie oft bzw. wie lange ein Meerschweinchenweibchen zur Zucht eingesetzt werden kann, ist nicht genau vorhersagbar. Einen Standardwert gibt es dabei nicht. Meiner Meinung nach liegt dies klar in der Verantwortung des Züchters. Er muss beurteilen, ob ein Tier bzw. wie lange ein Tier zuchttauglich ist.
Es gibt Weibchen, die bereits mit dem ersten Wurf total überfordert sind und so stark dabei abbauen, dass jegliche weitere Belegungen nicht zu verantworten sind. Es gibt allerdings auch genau die umgekehrten Fälle, also echte Muttertiere, die mehrere Würfe ohne Probleme großziehen.
Sie lassen fremde Babys, wenn es zeitlich passt, bei sich trinken. Es gibt sogar Weibchen, bei denen der Milchfluss einsetzt, obwohl sie keinen eigenen Wurf haben.
Auch wenn sich ein Züchter dazu entschließt, so ein älteres Muttertier in „Rente" zu schicken, kommen diese Weibchen in Gruppen mit und ohne Kastraten sehr gut zurecht und können noch sehr alt werden. Voraussetzung ist dabei, dass auch ganz junge Weibchen in dieser Gruppe sind. Es ist so, als würden die Muttertiere noch mal richtig jung.

Die Zuchtfähigkeit beim Männchen

Der Zuchtfähigkeit eines Männchens sind kaum Grenzen gesetzt. Hier liegt es am Tier selbst. Einige Böcke decken schon in jungen Jahren nicht mehr, andere bis ins hohe Alter. Wenn das adulte Meerschweinchenmännchen das Decken einstellt, liegt es oft an Ereignissen in seinem Lebensumfeld. Gründe hierfür können ein Stallwechsel, ein Ausstellungsbesuch, neue Weibchen, Futterumstellungen, Krankheit und vieles mehr sein.

So sehen eingetrocknete Deckpropfen aus.

Die Trächtigkeit

Die Trächtigkeit ist für das Meerschweinchenweibchen eine körperliche Höchstleistung. Während der durchschnittlich 68 Tagen der Tragzeit verdoppelt das Tier fast sein Eigengewicht. Damit es während dieser Phase keine Probleme gibt, sind einige Regeln zu beachten.
Stress sollte komplett vermieden werden. Umstellungen in der Gruppe sollten, wenn überhaupt, nur am Anfang der Tragzeit erfolgen. Das Separieren eines Weibchens zum Ende der Tragzeit sollte komplett unterlassen werden. Man stelle sich dabei vor, was ein Weibchen dabei empfindet, wenn es kurz vor der Geburt seiner Babys aus seiner bekannten Umgebung genommen wird und allein ohne seine Artgenossen klarkommen soll. Das ist Stress pur. Das Risiko des Verwerfens ist sehr hoch. Futterwechsel belastet oft die Organe des Weibchens und sollte wie Klima- und Tem-

Bei diesem Weibchen ist die Trächtigkeit (etwa 8. bis 9. Woche) deutlich zu erkennen.

peraturumstellungen ebenfalls unterlassen werden. Besonders zu eiweißreiche Nahrung ist hierbei schädlich. Die früher oft auftretende Trächtigkeitstoxikose ist heute kein Problem mehr. Dies liegt an der Tatsache, dass heutzutage als Klebemittel für das Pelletfutter nicht mehr tierische Eiweiße verwendet werden.
Eine weitere Gefahr birgt oft die Über- oder Falschdosierung von Kräutern. Deren Nebenwirkungen können zum Beispiel zu stark entwässernde Petersilie oder wehenfördernde Küchenschelle sein. Außerdem sind alle Kräuter sehr reich an Kalzium.
Da ein Meerschweinchenweibchen zwei Legehörner besitzt, sollten die Tiere während der Trächtigkeit nicht auf den Rücken gedreht werden. Es könnte hierbei zur Verwindung der schlauchartigen Legehörner kommen, zumeist mit fatalen Folgen für das Muttertier bzw. die Babys.

Zusammenfassend kann man sagen: Je weniger ein Züchter in der Zeit der Trächtigkeit verändert, umso geringer ist das Risiko, dass etwas passieren kann.

Der nachfolgend aufgeführte Wurfkalender legt eine Tragzeit von 68 Tagen zugrunde. Da sich die Tragzeit bei Meerschweinchen zwischen 67 bis 70 oder manchmal 72 Tagen bewegt, sind Verschiebungen um ein bis zwei Tage keine Seltenheit.

Eine Verschiebung um einen Tag im Schaltjahr, also am 29. Februar, ist selbstverständlich auch vom Züchter zu berücksichtigen.

Wurfkalender

Decktag	01	02	03	04	05	06	07	08	09	10	11	12	13	14	15	16	Januar
Wurftag	09	10	11	12	13	14	15	16	17	18	19	20	21	22	23	24	März
Decktag	17	18	19	20	21	22	23	24	25	26	27	28	29	30	31	X	Januar
Wurftag	25	26	27	28	29	30	31	01	02	03	04	05	06	07	08	X	März/April
Decktag	01	02	03	04	05	06	07	08	09	10	11	12	13	14	15	16	Februar
Wurftag	09	10	11	12	13	14	15	16	17	18	19	20	21	22	23	24	April
Decktag	17	18	19	20	21	22	23	24	25	26	27	28	X	X	X	X	Februar
Wurftag	25	26	27	28	29	30	01	02	03	04	05	06	X	X	X	X	April/Mai
Decktag	01	02	03	04	05	06	07	08	09	10	11	12	13	14	15	16	März
Wurftag	07	08	09	10	11	12	13	14	15	16	17	18	19	20	21	22	Mai
Decktag	17	18	19	20	21	22	23	24	25	26	27	28	29	30	31	X	März
Wurftag	23	24	25	26	27	28	29	30	31	01	02	03	04	05	06	X	Mai/Juni

Decktag	01	02	03	04	05	06	07	08	09	10	11	12	13	14	15	16	April
Wurftag	07	08	09	10	11	12	13	14	15	16	17	18	19	20	21	22	Juni
Decktag	17	18	19	20	21	22	23	24	25	26	27	28	29	30	X	X	April
Wurftag	23	24	25	26	27	28	29	30	01	02	03	04	05	06	X	X	Juni/Juli
Decktag	01	02	03	04	05	06	07	08	09	10	11	12	13	14	15	16	Mai
Wurftag	07	08	09	10	11	12	13	14	15	16	17	18	19	20	21	22	Juli
Decktag	17	18	19	20	21	22	23	24	25	26	27	28	29	30	31	X	Mai
Wurftag	23	24	25	26	27	28	29	30	31	01	02	03	04	05	06	X	Juli/Aug.
Decktag	01	02	03	04	05	06	07	08	09	10	11	12	13	14	15	16	Juni
Wurftag	07	08	09	10	11	12	13	14	15	16	17	18	19	20	21	22	August
Decktag	17	18	19	20	21	22	23	24	25	26	27	28	29	30	X	X	Juni
Wurftag	23	24	25	26	27	28	29	30	31	01	02	03	04	05	X	X	Aug./Sep.
Decktag	01	02	03	04	05	06	07	08	09	10	11	12	13	14	15	16	Juli
Wurftag	06	07	08	09	10	11	12	13	14	15	16	17	18	19	20	21	September
Decktag	17	18	19	20	21	22	23	24	25	26	27	28	29	30	31	X	Juli
Wurftag	22	23	24	25	26	27	28	29	30	01	02	03	04	05	06	X	Sep./Okt.
Decktag	01	02	03	04	05	06	07	08	09	10	11	12	13	14	15	16	August
Wurftag	07	08	09	10	11	12	13	14	15	16	17	18	19	20	21	22	Oktober
Decktag	17	18	19	20	21	22	23	24	25	26	27	28	29	30	31	X	August
Wurftag	23	24	25	26	27	28	29	30	31	01	02	03	04	05	06	X	Okt./Nov.
Decktag	01	02	03	04	05	06	07	08	09	10	11	12	13	14	15	16	September
Wurftag	07	08	09	10	11	12	13	14	15	16	17	18	19	20	21	22	November
Decktag	17	18	19	20	21	22	23	24	25	26	27	28	29	30	X	X	September
Wurftag	23	24	25	26	27	28	29	30	01	02	03	04	05	06	X	X	Nov./Dez.
Decktag	01	02	03	04	05	06	07	08	09	10	11	12	13	14	15	16	Oktober
Wurftag	07	08	09	10	11	12	13	14	15	16	17	18	19	20	21	22	Dezember
Decktag	17	18	19	20	21	22	23	24	25	26	27	28	29	30	31	X	Oktober
Wurftag	23	24	25	26	27	28	29	30	31	01	02	03	04	05	06	X	Dez./Jan.
Decktag	01	02	03	04	05	06	07	08	09	10	11	12	13	14	15	16	November
Wurftag	07	08	09	10	11	12	13	14	15	16	17	18	19	20	21	22	Januar
Decktag	17	18	19	20	21	22	23	24	25	26	27	28	29	30	X	X	November
Wurftag	23	24	25	26	27	28	29	30	31	01	02	03	04	05	X	X	Jan./Feb.
Decktag	01	02	03	04	05	06	07	08	09	10	11	12	13	14	15	16	Dezember
Wurftag	06	07	08	09	10	11	12	13	14	15	16	17	18	19	20	21	Februar
Decktag	17	18	19	20	21	22	23	24	25	26	27	28	29	30	31	X	Dezember
Wurftag	22	23	24	25	26	27	28	01	02	03	04	05	06	05	08	X	Feb./März

Die Geburt

Die Geburt der Babys kündigt sich mit dem Öffnen der Schambeinfuge an. Bei einigen Weibchen beginnt dies schon ein paar Tage vor dem Wurftag, bei einigen auch erst kurz vor der Geburt. Bei manchen Weibchen schießt die Milch bereits ein.
Die Weibchen bewegen sich in den letzten Tagen nicht mehr so viel. Die Bewegungen der Babys sind dafür oft von außen gut sichtbar.
Direkt vor der Geburt setzen die Wehen ein. Die Intervalle des Pressens werden immer kürzer. Die Babys kommen in ihrer Eihaut mit dem Kopf zuerst durch den Geburtskanal. Die Weibchen krümmen sich in diesem Moment und öffnen mit den Zähnen die Eihaut zuerst am Kopf und der Nase. Kurz danach beginnt das Muttertier damit, das Baby komplett zu säubern.

Dieser Vorgang wiederholt sich, bis alle Babys geboren wurden. Zum Schluss kommen die Nachgeburten. Diese werden teilweise vom Muttertier gefressen. Sie enthalten wichtige Nährstoffe und fördern die Milchproduktion.

Die typische Haltung eines Muttertieres beim Gebären

Im Durchschnitt bekommt ein Meerschweinchen zwischen drei und vier Babys. Das ideale Wurfgewicht liegt zwischen 90 und 120 g. Diese Durchschnittswerte tendieren recht stark nach unten bzw. nach oben.

Würfe mit einem Baby können genauso auftreten wie Würfe mit acht Babys. Auf das Geburtsgewicht der Babys trifft dies ebenfalls zu. Kritisch wird es bei einem Gewicht von 50 bis 60 g oder im umgekehrten Fall von Babys um die 180 g.
Zu leichten Babys fehlt es oft an Kraft und Energie. Ihr Stoffwechsel ist sehr gering. Eine Zufütterung hilft dabei nur bedingt.
Zu große Babys sind häufig zu lang im Geburtskanal und schlucken zu viel Fruchtwasser. Auch das Risiko des Erstickens besteht.

Geburtsprobleme

In den allermeisten Fällen verläuft die Geburt bei Meerschweinchen ohne Probleme. Meistens geschieht es in den frühen Morgenstunden und man findet die Mutter dann morgens umzingelt von kleinen Babys im Stall.
Sollten Babys tot im Stall liegen, hat der Geburtsvorgang oder das Befreien aus der Eihaut zu lange gedauert. Ist man zum Zeitpunkt der Geburt anwesend und es kommt zu Problemen, ist schnelles und richtiges Handeln besonders wichtig.

Ausbleiben der Wehen

Hier ist der sofortige Gang zum Tierarzt unumgänglich. Dieser wird im Normalfall ein wehenförderndes Mittel (Oxytocin) spritzen. Meistens wird das Weibchen die Babys dann auf dem natürlichen Weg bekommen. Die Chancen, dass die Babys noch leben, sind dabei sehr gering. Sollte diese Behandlung nicht erfolgreich sein.

Hilft nur noch ein Kaiserschnitt. Die Nachbehandlung des Muttertieres ist nicht leicht.

Steißlage

Im Normalfall kommen die Babys mit dem Kopf voran zur Welt. Sollten die Füße zuerst kommen, tun sich die Weibchen oft schwer damit, die Babys aus dem Geburtskanal zu drücken. Wenn die Hinterläufe zu sehen sind, aber es nicht weitergeht, ist schnelles Handeln vonnöten. Man nimmt das Muttertier heraus und setzt es mit der Hinterhand zu sich. Danach zieht man mit ganz viel Gefühl in einer Wehe das Baby vorsichtig heraus.
Wenn es aus dem Geburtskanal heraus ist, gilt es schnell, die Eihaut zu entfernen und dafür zu sorgen, dass die Atemwege frei von Fruchtwasser werden. Hierzu hält man das Baby kopfüber und schüttelt es vorsichtig, der Nacken sollte hierbei stabil gehalten werden. Damit der Kreislauf des Babys in Schwung gerät, nimmt man ein Papiertuch und rubbelt es sorgsam trocken. Mit dieser Methode rettet man fast jedem Baby das Leben. Sollten sich noch Babys in den Legehörner befinden, kommen diese im Regelfall ohne weitere Komplikation normal zur Welt.

Geburtskanalblockade

In diesem Fall rutscht das Baby bei einer Wehe nicht in den Geburtskanal, sondern legt sich mit dem Körper längs vor den Ausgang. Hierbei presst das Weibchen immer wieder, aber nichts passiert. Nun gibt es zwei Möglichkeiten.
Die erste Überlegung ist, wie weit ist der nächste Tierarzt entfernt bzw. hat er gerade geöffnet. Wenn es blitzschnell geht und man innerhalb von wenigen Minuten als Notfall bei ihm ist, besteht noch eine geringe Chance, neben der Mutter die Babys oder zumindest ein Teil der Babys zu retten.

Baby Nr. 4 ist da und wird von der Eihaut befreit.

Wird die Fahrt zum Arzt zu lange dauern oder ist es mitten in der Nacht, gibt es noch die Möglichkeit, selbst tätig zu werden. Wie bei der Steißlage ist hier dann der erfahrene Züchter gefragt. Wenn man die Babys, die sich noch im Mutterleib befinden, lebend zur Welt bringen will, geht es wirklich um jede Sekunde. Diesmal setzt man das Muttertier seitlich zu sich. Dann zieht man sich einen sterilen Einweg-Gummihandschuh über, ölt ihn gut mit Gleitgel oder Babyöl ein und steckt einen Finger langsam und vorsichtig in den Geburtskanal. Nun versucht man vorsichtig, den Kopf des Babys zu ertasten und das Tier etwas zurückzuschieben. Wenn sich der Kopf dann in der richtigen Geburtsposition befindet, wird das Tier mit der nächsten Wehe normal zur Welt kommen. Wie bei der Steißlagengeburt gilt es hier ebenfalls, das Baby schnell von der Eihaut zu befreien und das verschluckte Fruchtwasser aus den Atemwegen zu entfernen. Allerdings steht oft die Überlebenschance für das Baby, das vor dem Geburtskanal lag, nicht so gut. Für die folgenden Babys jedoch sieht es wieder viel besser aus.
Im Anschluss fährt man, sobald es geht, mit dem Muttertier zum Tierarzt. Es kann

vorkommen, dass minimale Verletzungen im Geburtskanal mit Antibiotika behandelt werden müssen. Diese Verletzungen entstehen durch das starke Pressen und nicht durch das Einführen des Fingers.
Wichtig ist, dass der Finger leicht eingeführt werden kann. Sollte das nicht so sein, handelt es sich um eine Frühgeburt im Endstadium. Hier ist der Geburtskanal für die schon großen Babys noch zu eng. Nun kann dieser Rettungsversuch nicht gelingen und man muss schnellstmöglich zum Tierarzt. Hier geht es darum, die Mutter zu retten, zumeist mit einem Kaiserschnitt. Auf jeden Fall dürfen die Babys nicht im Muttertier verbleiben.

Frühgeburt

Gelegentlich kommt es auch bei Meerschweinchenweibchen zu einer Frühgeburt. Die Gründe hierfür können unterschiedlichster Art sein. In den ersten Wochen der Trächtigkeit, wird das Weibchen die Embryos ohne Probleme abwerfen können. Je größer die Babys bereits sind, je mehr Komplikationen wird es geben. Sollten auch nur die kleinsten Anzeichen bestehen, dass es der Sau nach dem Verwerfen nicht gut geht, sollte man schnellstmöglich einen Tierarzt aufsuchen.

Ein Dreierwurf Shelties in Slate Blue-Gold-Weiß

Die Aufzucht der Jungtiere

Die Aufzucht von Meerschweinchenbabys ist recht einfach und problemlos. Die Tiere sind Nestflüchter: Sie laufen bereits nach ein paar Minuten selbstständig umher. Ihre Augen sind geöffnet und ihr Fell schützt sie vor Unterkühlung. Ihre Milchzähne haben sie schon im Mutterleib verloren.
Da Meerschweinchen ab dem ersten Tag normales Futter zu sich nehmen, wachsen sie recht schnell. Die Muttermilch ist trotzdem sehr wichtig. Sie versorgt die Tiere mit zusätzlichen Nährstoffen und unterstützt ihre Abwehrkräfte. Daher sollte jeder Züchter direkt nach der Geburt sowie in regelmäßigen Abständen kontrollieren, ob mit den Zitzen alles in Ordnung ist. Milchstau und Entzündungen der Gesäuge müssen sofort tierärztlich behandelt werden.
Ansonsten stellen Meerschweinchenbabys keine besonderen Ansprüche. Etwas Vorsicht ist geboten bei zu viel Frischfutter. Die kleinen Organismen neigen dazu, recht schnell Durchfall zu bekommen. Dehydrierung droht.
Das Absetzalter ist etwa mit drei bis vier Wochen erreicht. In diesem Zeitraum versiegt auch die Milchproduktion des Muttertieres. Die Babys sollten zu diesem Zeitpunkt ein Gewicht von 250 bis 300 g haben.

Handaufzucht

Wie bei allen anderen Lebewesen kommt es auch bei Meerschweinchen vor, dass ein Muttertier bei der Geburt oder kurz danach stirbt. Dies kann die verschiedensten Gründe haben. Um die Jungtiere zu retten, stehen dem Züchter mehrere Möglichkeiten zu Verfügung.
Die einfachste und bequemste Art ist, die Jungtiere einer anderen säugenden Sau

(Amme) unterzuschieben. Um die Chance zu vergrößern, dass die Waisen von der Amme auch angenommen werden, sollte man die Jungtiere zur Geruchsüberdeckung vorher mit Fencheltee bestreichen.

Sollte kein Fencheltee zur Hand sein, tun es auch ein paar Tropfen Milch der Amme. Besitzt man zu diesem Zeitpunkt kein anderes säugendes Muttertier, muss man die Tiere per Hand aufziehen. Hierzu müssen die Jungtiere den ganzen Tag etwas warm gehalten werden, sie dürfen nicht auskühlen. Die Jungtiere müssen dann alle zwei Stunden gefüttert werden. Am besten bewährt hat sich hierfür Baby-Heilnahrung oder Katzenaufzuchtmilch. Diese wird mit einer nadellosen Spritze – etwa 1 bis 2 ml je Mahlzeit – oral verabreicht. Um danach den Verdauungstrakt anzuregen und die Abgabe von Urin und Kot zu gewährleisten, massiert man die Bauch- und Analregion der Tiere ganz leicht mit dem Finger.

Da Meerschweinchenjunge sich nicht nur von Muttermilch oder deren Ersatz ernähren, sollte genügend Grünfutter und Kraftfutter zur Verfügung stehen. Das Heu, welches man den Tieren anbietet, sollte nicht zu grob sein. Zusätzlich ist es ratsam, ein Multivitaminpräparat zu verabreichen. Nach gut zehn Tagen kann man die Rationen auf fünfmal täglich reduzieren, bis sie bei einem Gewicht des Tieres von etwa 250 bis 300 g dann völlig eingestellt werden kann.

Selektion

Eine der schwierigsten Entscheidungen, die ein Züchter treffen muss, ist die Frage der Selektion, also die Einstufung einer neuen Generation an Meerschweinchen und was damit in Zukunft geschehen soll.

Folgende grobe Gruppeneinteilung gibt es:

- Ausstellungstier
- Zuchttier für die eigene Zucht
- Zuchttier für eine fremde Zucht
- Liebhabertier

Ausstellungstiere

Ein Ausstellungstier sollte in allen Beurteilungspunkten möglichst hervorragend sein. Dies ist natürlich im Alter von zwei bis drei Monaten recht schwer einzuschätzen. Üblicherweise entscheidet man zu diesem Zeitpunkt, was mit einem Meerschweinchen passieren soll. In dieser Phase des Wachstums gehen die Tiere aber zuerst in die Länge. Der Typ und Bau wird schmal. Erst im Alter von etwa neun bis zehn Monaten setzt das Breitenwachstum richtig ein. Die Tiere werden kräftig und geblockter.
Einen Anhaltspunkt gibt es aber: So wie die Meerschweinchen als Baby am ersten Tag waren, so werden sie meistens im adulten Stadium wieder aussehen. Alles Weitere ist Übung und ein gutes geschultes Auge. Eine Hilfe und Unterstützung ist das Beurteilen der Tiere von zwei Personen. So geht man sicher, dass man kaum einen Fehler übersieht, und zweifelhafte Kriterien können diskutiert werden.

Im Regelfall trifft der Züchter die Entscheidung, ob ein Tier ein Ausstellungstier wird oder ein Zuchttier für seine eigene Linie, so spät wie möglich. Er wartet geduldig die Entwicklung seiner Tiere ab. Viele Bewertungspunkte benötigen einfach Zeit, um komplett sichtbar zu werden. Hiermit meine ich Punkte wie die Harschheit einer Rosette, die Struktur und Harschheit eines Rex, die Struktur und Elastizität eines US- oder CH-Teddys, die Backenbärte oder den Pony eines Langhaartieres sowie deren Struktur und Lockung. Auch bei den Far-

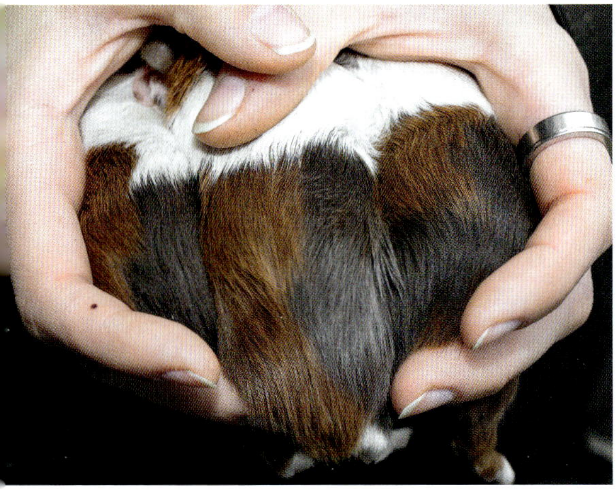

Drei Babys Slate Blue-Gold-Weiß mit der typischen Zeichnung.

ben gibt es Varianten, die sich entfalten müssen, wie das Ticking eines Solidagouti oder ein Himalaya, der seine Zeichnung erst bekommen muss.

Showweibchen bleiben ihr ganzes Leben lang Showtiere. Wenn man mit ihnen auch züchten möchte, können sie nur als Jungtiere ausgestellt werden. Weibchen, die schon einmal Babys bekommen haben und wieder auf eine Show bewertet werden, sind oft nicht mehr so in Kondition bzw. sie sind schnell etwas bauchig. Dies wird von den Preisrichtern zwar berücksichtigt, aber für eine Platzierung in den oberen Rängen reicht es meist nicht mehr. Showböcke können nach der Ausstellung wieder in die Zucht. Gelegentlich kommt es jedoch vor, dass manche Böcke durch die Umstellung und Wiedereingliederung in die Zuchtgruppe nicht mehr oder nur unzuverlässig decken.

Ausstellungstiere sind die Visitenkarte eines Züchters. Hierbei steht eine Top-Bewertung immer vor dem Sieg eines Pokales. Die Bewertung seiner Tiere mit dem Prädikat „hervorragend“ zeigt, dass ein Züchter die hohe Qualität, die er nach Standard anstrebt, erreicht hat.

Zuchttiere für die eigene Zucht

Diese Tiere sind mit ihrer Qualität sehr oft nah an einem Showtier. Es gibt nur minimale Abweichungen in ein oder zwei Punkten, warum dieses Tier von einem Richter eventuell mit sehr gut bewertet werden würde. Manchmal sind es auch Punkte, die in der Zucht kein Problem darstellen, aber auf einer Ausstellung zum ungenügend führen. Dies kann von einer zu großen Ohrbeschädigung bis hin zu einem sehr kleinen oder fehlenden dritten Farbfeld auf einer Körperseite reichen.

Meistens sind es aber Abweichungen, die man in der Zucht tolerieren und schnell ausgleichen kann, wie zum Beispiel eine etwas abweichende Unterfarbe, etwas kleine Augen oder Ohren, breites, jedoch leicht gerades Nasenbein bei Männchen, etwas schwache Lockung oder Struktur usw.

Zuchttiere für eine fremde Zucht

Bei diesen Tieren handelt es sich um sehr gute Meerschweinchen. Ein Züchter gibt sie nur deswegen ab, weil er genügend bessere in seiner eigenen Gruppe besitzt oder er zu viele Geschwister mit dem gleichen Erbgut in seiner Linie nicht einsetzen will.

Es können auch Tiere sein, die einen leichten Fehler haben. Diese sind immer noch nach Standard sehr gute Tiere. Es gibt aber einzelne Bewertungspunkte, an denen züchterisch gearbeitet werden muss. Ein jeder Käufer dieser Tiere kann diese Meerschweinchen in seine Gruppe aufnehmen.

Liebhabertiere

Mit diesem Begriff bezeichnet ein Rassezüchter die Tiere aus seinen Linien, für die es einen oder mehrere Gründe gibt, warum sie für die Ausstellung bzw. die Rassezucht nicht geeignet sind. Die Palette an Fehlern ist hierbei sehr vielfältig. Neben Fehlwirbeln, zu vielen Rosetten, Fehlpigmentierungen oder Fehlzeichnungen gibt es viele andere Ausschlusspunkte.
Es kommt natürlich ebenso vor, dass bei einem Tier mehrere Merkmale zusammengekommen sind und es somit einfach keinen Rassezüchter in seinen Bestrebungen weiterhelfen kann.
Diese Tiere sind ein Glücksgriff für jeden Liebhaberzüchter oder normalen Halter von Meerschweinchen. Sie sind kerngesund und stammen aus einer sorgfältig geführten Zucht. Dazu sehen sie oft von ihren Merkmalen her so gut aus, dass sie die Herzen der neuen Besitzer im Sturm erobern.

Zuchtbuchführung

Um als guter Meerschweinchenzüchter nicht die Übersicht über die Herkunft und Abstammung seiner Tiere zu verlieren, ist es unbedingt notwendig, ein Zuchtbuch zu führen. Hierzu werden im Regelfall verschiedene Arten wie Stammbäume, Ahnentafeln, Registrierlisten, Wurfblätter, Linienzuchtblätter, Erkennungsblätter, Abgabeblätter usw. verwendet. Diese Dokumente helfen dem Züchter, bei entsprechender Auswertung die richtigen Verpaarungen auszuwählen und seinem gewünschten Zuchtziel immer näher zu kommen. Außerdem helfen sie, Vererbungsfehler zurückzuverfolgen und so sämtliche Tiere dieser Linie aus der Zucht zu nehmen.

Im Großen und Ganzen ist es gleichgültig, ob die Zuchtbuchführung handschriftlich in einem Ordner oder im Computer vorgenommen wird. Für beide Methoden ist es wichtig, dass sie „konsequent“ und „ordentlich“ geführt werden. Das Wichtigste ist aber, sich mit seinen Tieren und ihrem Aussehen zu beschäftigen. Leider gibt es sehr viele Züchter, die mehr Zeit am Computer oder Telefon verbringen als bei ihren Tieren. Manchmal stellt sich sogar die Frage, welches Hobby bei diesen Leuten den höheren Stellenwert besitzt. Denn dann würden auch diese Züchter bemerken, welche Punkte an ihren Tieren noch nicht perfekt sind, und besser daran arbeiten.

Die wohl bekannteste Methode der Zuchtbuchführung ist das Erstellen der Stammbäume. Auf diesen Stammbäumen sollten alle wichtigen Eckdaten eines Tieres vermerkt sein. Dazu gehören:

- Name
- Geschlecht
- Rasse
- Farbe oder Farbbezeichnung
- Stall-Registrier-Nr. (Identifizierungs- Nr.)
- Wurf-Nr. (des Muttertieres)
- Geboren am
- Geburtsgewicht
- Wurfgröße (Geschwister mit Geschlechtsangabe)
- Abgabegewicht (bei Verkauf)
- Bemerkungen (Showresultate, Charaktereigenschaften)
- Vorfahren (Eltern, Großeltern, Ur-Großeltern usw.)

Der Stammbaum gibt einem Züchter Aufschluss über Rasse, Farbe, Linie, Farbreinheit, Vorfahren usw. Die hier enthaltenen Informationen geben ihm darüber Auskunft, ob und wie er dieses Tier in seiner Zucht verwenden oder einsetzen kann.

Die Ahnentafel enthält im Normalfall denselben Informationsgrad wie der Stammbaum. Sein anderer grafischer Aufbau ermöglicht aber eine größere Übersicht über die Vorfahren eines Meerschweinchens.
Ein Züchter sollte dem Käufer beim Verkauf eines Tieres den Stammbaum oder die Ahnentafel immer aushändigen. Dies beugt bei Rückfragen eine Verwechslung vor und gibt dem neuen Besitzer einige Informationen über die Zuchtverwendbarkeit des Tieres.

Die Registrierkarten oder -listen dienen dem Züchter dazu, alle Geburten, Todesfälle, Neueinkäufe bzw. Verkäufe nach Datum zu registrieren und mit Informationen zu versehen. Zu den Informationen zählen Name, Rasse, Farbe, Geschlecht, Stall-Registrier-Nr., Geburtsdatum, Eltern und Bemerkung.

Die Registrier- oder auch Stall-Registrier-Nr. dient einem Züchter zur eindeutigen und kurzen Identifizierung eines Meerschweinchens. Anhand der Registrier-Nr. kann ein Züchter einem Käufer nach einiger Zeit noch genaue und detaillierte Angaben über ein Tier geben, auch wenn dieses inzwischen einen anderen Namen trägt.

Beispiel einer Registrierliste

Reg.-Nr.	Name	Rasse	Farbe	Eltern	Geburtsdatum	Geschlecht	Bemerkungen
0996	Carmen	Glatthaar	Weiß d.A.	0797-0820	01.02.13	Weibchen	
0997	Marina	Glatthaar	Weiß r.A.	0797-0820	01.02.13	Weibchen	verkauft
0998	Arne	Glatthaar	Creme d.A.	0750-0875	02.02.13	Männchen	
0999	Barnie	Glatthaar	Weiß r.A.	0797-0864	05.02.13	Männchen	verkauft
1000	Erna	Glatthaar	Creme d.A.	0797-0864	05.02.13	Weibchen	
1001	Rene	Rex	Rot-Weiß	0902-0915	10.02.13	Männchen	

Ein Beispiel:

Code-Nr.: **GL 0575-0475-0525 ST 1.0-2013**

Rasse: **GL**

AL-Alpaka	CE-Crested eng.	LU-Lunkarya	RE-Rex	TC-CH-Teddy
AN-Angora	CO-Coronet	ME-Merino	RO-Rosette	TU-US-Teddy
CA-Crested am.	GL-Glatthaar	PE-Peruaner	SH-Sheltie	TE-Texel

Nummer des Tieres: **0575**

Nummer des Vaters: **0475**

Nummer der Mutter: **0525**

Haarbeschaffenheit: **ST**

NH-Normalhaar   ST-Satinträger   SH-Satinhaar

Geschlecht: **1.0**

1.0 – Männlich, 0.1 – Weiblich

Geburtsjahr: **2013**

Beispiel eines Wurfblattes

Name (Mutter) : Carmen	Stall-Reg.-Nr.: 0996	Rasse : Glatthaar	Farbe : Weiß r.A.	Geb. am : 01.02.2013	Bemerkung : HV Augen
Name (Vater) : Arne	Stall-Reg.-Nr.: 0998	Rasse : Glatthaar	Farbe : Creme d.A.	Geb. am : 02.02.2013	Bemerkung : HV Ohren
Wurf Nr. : 1	Wurf vom : 30.11.2013		Wurfgröße : 2.3		
Name (Babys) :	Stall-Reg.-Nr.:	Rasse :	Farbe :	Gewicht :	Bemerkung:
Nr.1 Odin (1.0)	1245	Glatthaar	Creme d.A	125 g	HV Ohren
Nr.2 Benno (1.0)	1246	Glatthaar	Weiß r.A.	110 g	SG Augen
Nr.3 Lisa (0.1)	1247	Glatthaar	Creme d.A.	115 g	HV Kopf
Nr.4 Nicki (0.1)	1248	Glatthaar	Creme d.A.	110 g	HV Augen
Nr.5 Vanessa (0.1)	1249	Glatthaar	Weiß r.A.	120 g	HV Augen
Nr.6 #	#	#	#	#	
Nr.7 #	#	#	#	#	
Nr.8 #	#	#	#	#	
Nr.9 #	#	#	#	#	
Nr.10 #	#	#	#	#	

Beispiel eines Linienzuchtblattes

Rasse : Glatthaar					**Farbe : Schwarz-Rot-Agouti**				
1. Wahl					2. Wahl				
Reg.Nr.	Name	Rasse	Farbe	Typ	Reg.Nr.	Name	Rasse	Farbe	Typ
0888	Max	Glatth.	S-R-Ag.	HV	0895	Wolle	Glatth.	Schwarz	G
0912	Onyx	Glatth.	S-R-Ag.	SG	0989	Ulf	Glatth.	Schwarz	HV
0913	Paul	Glatth.	S-R-Ag.	HV	1006	Rolf	Glatth.	S-R-Solidag.	HV
0966	Andre	Glatth.	S-R-Ag.	SG	1088	Alex	Glatth.	Schwarz	SG
1100	Hans	Glatth.	S-R-Ag.	HV	1089	Manu	Glatth.	Schwarz	HV
1101	Elfie	Glatth.	S-R-Ag.	HV	1211	Hanni	Glatth.	S-R-Solidag.	HV
1102	Anne	Glatth.	S-R-Ag.	G	1212	Heidi	Glatth.	S-R-Solidag.	SG
1181	Ulli	Glatth.	S-R-Ag.	SG					
1183	Toni	Glatth.	S-R-Ag.	HV					
1202	Emma	Glatth.	S-R-Ag.	G					
1255	Berta	Glatth.	S-R-Ag.	SG					
1256	Doro	Glatth.	S-R-Ag.	SG					
1321	Fanny	Glatth.	S-R-Ag.	HV					

Beispiel eines Erkennungsblattes

<table>
<tr><td>Rasse :</td><td>Name :</td><td>Farbe :</td></tr>
<tr><td>Stall-Reg.-Nr. :</td><td>Geschlecht :</td><td>Geboren am :</td></tr>
<tr><td colspan="3">Seitenansichten

Rechte Seite Linke Seite</td></tr>
<tr><td rowspan="2">Rückenansicht</td><td>Farben

Nr. 1 :______________

Nr. 2 :______________

Nr. 3 :______________</td><td rowspan="2">Bauchansicht</td></tr>
<tr><td>Augenfarbe

☐ : Dunkel
☐ : Feuer
☐ : Rot</td></tr>
<tr><td>Ohren

links rechts</td><td>Vorderfüße

links rechts</td><td>Hinterfüße

links rechts</td></tr>
</table>

Beispiel eines Abgabeblattes/Abgabepass

Name	: Anja	Adresse :	
Rasse	: Glatthaar	Martina und Andreas Reinert	
Farbe	: Schwarz	Waldstraße 11 / 44581 Castrop-Rauxel	
Augenfarbe	: Schwarz	a_reinert@t-online.de	
Geschlecht	: Weibchen	Tel.: 02367 / 9499	
Geboren am	: 01.06.2013		
Stall-Reg.-Nr.	: 1090	RMZ von Henrichenburg	
Nr. Vater	: 0950	Wir züchten :	Glatthaar
Nr. Mutter	: 1042	In den Farben :	Schwarz-Rot-Agouti
			Schwarz-Rot-Solidagouti
Abgabedatum	: 07.07.2013		Schwarz
Abgabegew.	: 340 g		Creme d.A.
			Weiß d.A. u. r.A.

Die Ausführungen der Registrier-Nr. können von einfachen fortlaufenden Nummern wie 0001, 0002, 0003 usw. oder Nummernkombinationen von Tier(Kind)-Vater-Mutter wie 0815-0699-0785 bis hin zu komplett verschlüsselten Codeziffern lauten.

Das Wurfblatt hilft einem Züchter zu erkennen, wie gut die Ergebnisse einer Verpaarung eines Weibchens mit einem oder mehreren Männchen sind. Auch hier werden die wichtigsten Eckdaten aus Übersichtsgründen wieder verwendet.

Die Linienzuchtblätter sind einem Züchter dabei behilflich, die Übersicht zu behalten, welche Tiere er in welchen Linien einsetzen kann.
Das Erkennungsblatt dient der Beschreibung und eindeutigen Erkennung eines Zeichnungs-Meerschweinchens beim Verkauf.

Das Abgabeblatt bzw. der Abgabepass ist ein vereinfachtes Dokument über die Eckdaten eines Meerschweinchens. Es dient beim Besitzwechsel eines Tieres dazu, einen Überblick zu geben, wann das Tier geboren ist, welcher Rasse es angehört, wie die Farbe heißt usw. Das Abgabeblatt/der Abgabepass kommt zumeist dann zum Einsatz, wenn der neue Besitzer mit dem Meerschweinchen nicht züchten möchte.

Das Aufführen der eigenen Adresse ist nicht nur aus Werbezwecken sinnvoll, sondern auch bei Rückfragen eines Tierbesitzers, wenn er Rat über Krankheiten, Futter, Haltung usw. benötigt.

Auf dem ersten Blick sieht die Dokumentation einer Meerschweinchenzucht recht umfangreich aus. Bei konstanter täglicher Pflege ist dies aber sehr gut zu bewältigen und bestätigt dem Nutzer seine erfolgreiche Arbeit.

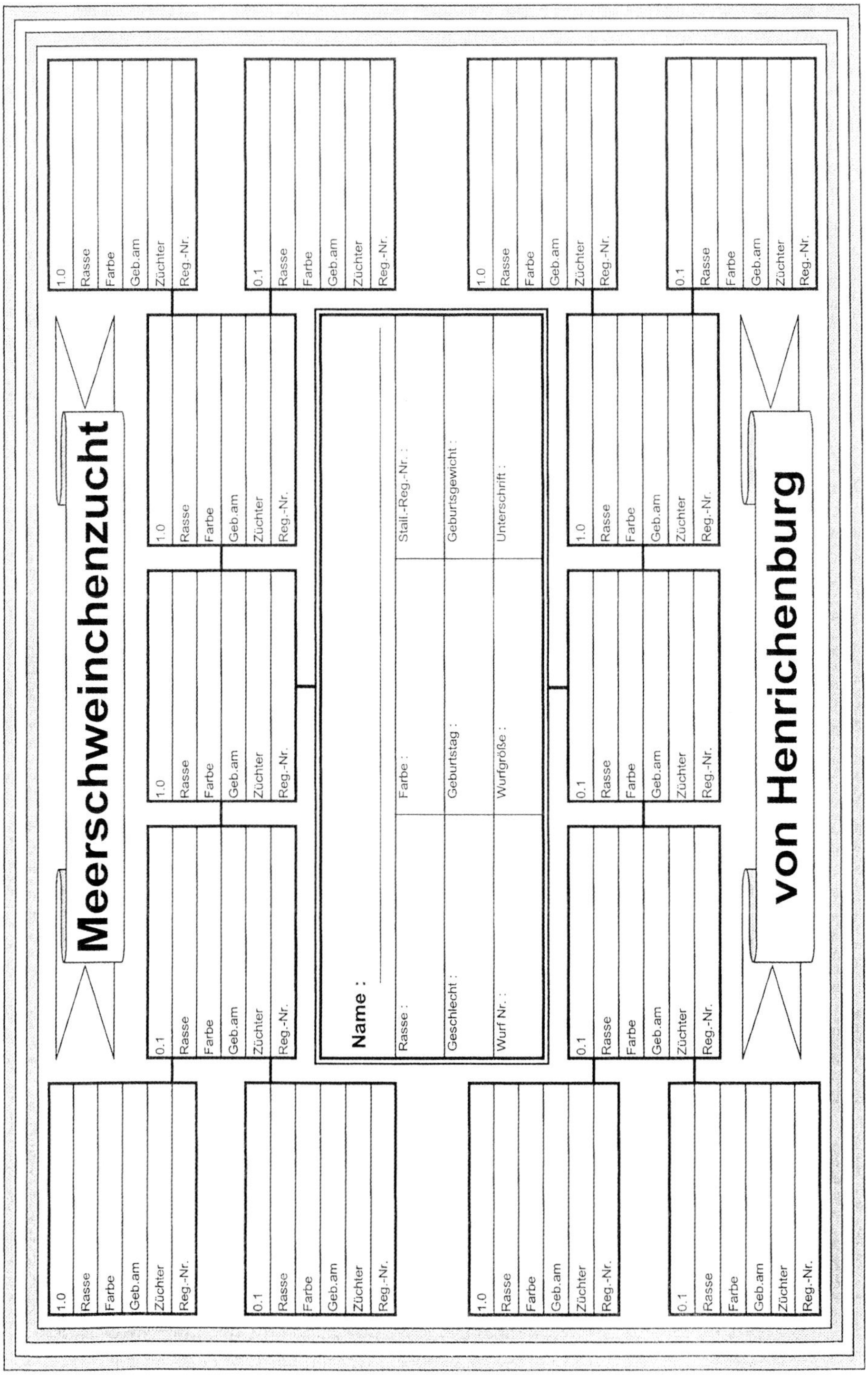
Meerschweinchenzucht
von Henrichenburg
Name :
Rasse :
Farbe :
Stall.-Reg.-Nr. :
Geschlecht :
Geburtstag :
Geburtsgewicht :
Wurf Nr. :
Wurfgröße :
Unterschrift :
1.0
0.1
Rasse
Farbe
Geb.am
Züchter
Reg.-Nr.

Aussteller sollten die einzelnen Bewertungskarten ihrer Tiere zur Vervollständigung ihrer Dokumentation beim Stammbaum, für Linienzuchtblätter usw. einpflegen. Dies ist meist recht aufschlussreich beim Zusammenstellen von neuen Verpaarungen. Man sollte auch die Kopien der Bewertungskarten, wenn sie sich an den Käfigen befinden, mit nach Hause nehmen. Beim Verkauf eines Ausstellungstieres können sie dann dem Käufer ausgehändigt werden, ohne dass man das Original aus der Hand geben muss.

Ein weiterer wichtiger Punkt für die Dokumentation ist ein Kalender. Hierauf vermerkt der Züchter die Tage, an denen er eine neue Verpaarung vorgenommen hat. Sollte er sogar den Deckakt beobachten, hilft ihm der oben aufgeführte Wurfkalender bei der Errechnung des Datums, an dem das Weibchen ihre Jungen bekommen müsste.

Klein, aber fein!

Allgemeine Merkmale der Meerschweinchen

Größe, Typ und Bau

Das Meerschweinchen muss groß, kräftig und muskulös sein. Das Gewicht des adulten Tieres sollte im Durchschnitt 1200 bis 1400 g betragen. Der Rücken darf nicht zu lang sein, sodass das Meerschweinchen insgesamt einen bulligen, kräftigen und geblockten Eindruck macht. Die Schulterpartie muss so breit wie möglich und fest erscheinen.

Der ideale Typ und Bau eines Meerschweinchens

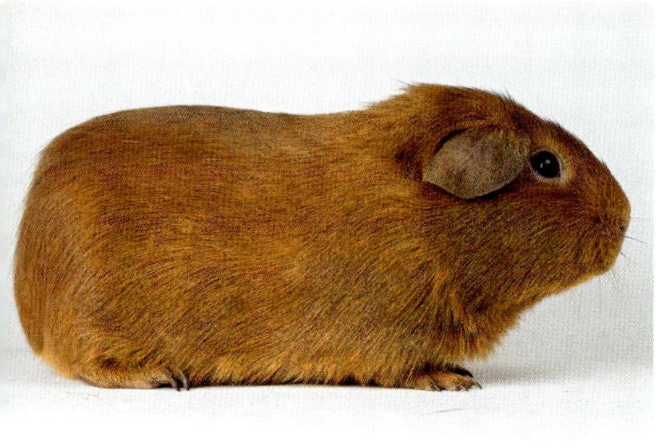

Dieses Tier hat eine schlechte Körperform mit eckiger Hinterhand.

Der Typ soll besonders gut zur Betonung kommen. Unter dem „Stiernacken" sollte sich zusätzlich ein möglichst großes Muskelpolster befinden. Körperbaumäßige Unterschiede zwischen weiblichen und männlichen Tieren treten dabei kaum auf. Die Hinterhand des Tieres hat rund und voll zu sein. Sie muss eine leicht gewölbte Menschenhand komplett ausfüllen und darf nicht steil, eckig oder schräg abfallen.

In der Draufsicht des Tieres müssen die Flanken (Seiten) des Meerschweinchens parallel zueinander verlaufen, es sollte von oben nicht aussehen wie eine „Birne". Ausstehende Knie an der Hinterhand sind ebenfalls unerwünscht. Bei älteren Tieren werden sie in einer Richtung etwas toleriert.

Die Auswahl der Zuchttiere und die Berücksichtigung der Selektionspunkte entscheiden bereits maßgeblich über die Qualität eines Rassetieres. Voll zum Tragen kommen diese Kriterien allerdings erst, wenn sie mit einer sehr guten Fütterung und Haltung kombiniert werden. Jeder Aspekt allein gesehen führt nicht zum Erfolg.

Kopf

Der Kopf der Tiere sollte so breit und kurz wie möglich sein und einen gebogenen Nasenrücken besitzen. Er darf aber nicht so kurz sein, dass das Tier beim Atmen beeinträchtigt wird. Eine solche Beeinträchtigung äußert sich durch Knack- und Pfeifgeräusche. Dieser Zuchtfehler darf nach MFD BD e.V. Standard nicht vorkommen. Aus diesem Grund sollte auf eine Verpaarung mit Tieren, die bereits einen sehr kurzen Kopf besitzen, verzichtet werden.

Diese beiden Meerschweinchen haben die ideale Kopfform.

Die Kombination von einem Meerschweinchen mit normalem, breitem und einem Tier mit kurzem, breitem Nasenbein ist hierbei der richtige Weg. Männliche Tiere besitzen oft eine flachere Schädelplatte. Dieses wird bei einer Bewertung berücksichtigt. Es gibt aber auch Männchen, die die gleiche Kopfform wie ein Weibchen aufweisen. Eine Wammenbildung am Hals der Tiere ist normal und führt nicht zu einer Abwertung.

Ein schönes, breites Nasenbein

Augen

Die Augen müssen klar glänzen und möglichst weit (gute Daumenbreite) auseinander stehen. Ihre Form ist groß und rund, nicht oval oder mandelförmig. Außerdem dürfen sie nicht zu weit herausstehen (Froschaugen) bzw. einen Fettrand (Fettaugen/Fatty Eye) besitzen. Die Augenlider dürfen nicht hängen, eingerollt, unförmig oder beschädigt sein. Ablagerungen auf bzw. im Auge dürfen ebenfalls wie Spiegelaugen nicht vorkommen.

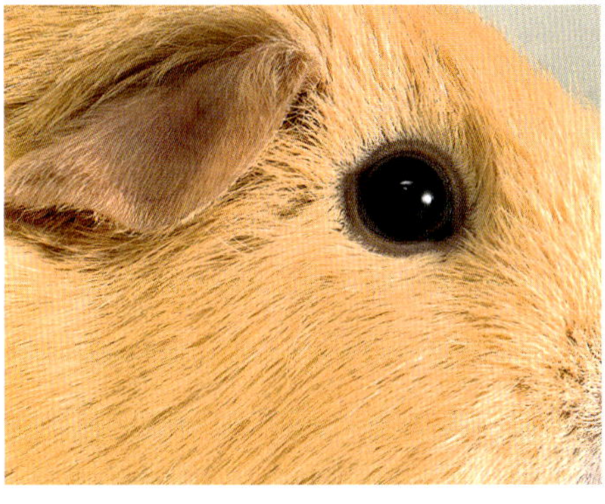

Hier sind Augenform und -größe ideal.

Eine Bindehautschwellung

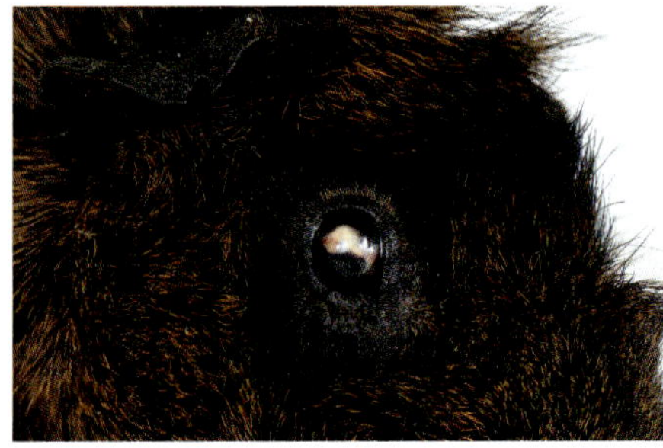

Eine Wucherung im Augenkörper

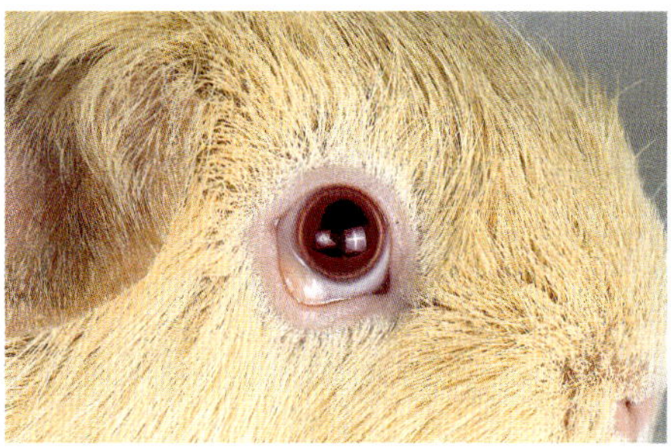

Das sogenannte Fettauge (Fatty Eye)

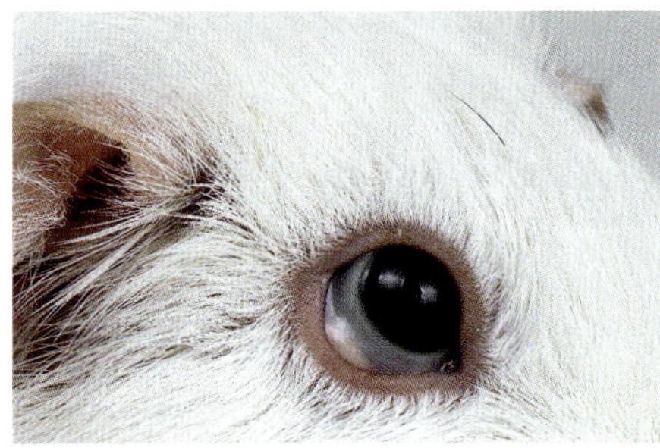

Auch dies ist ein Fettauge.

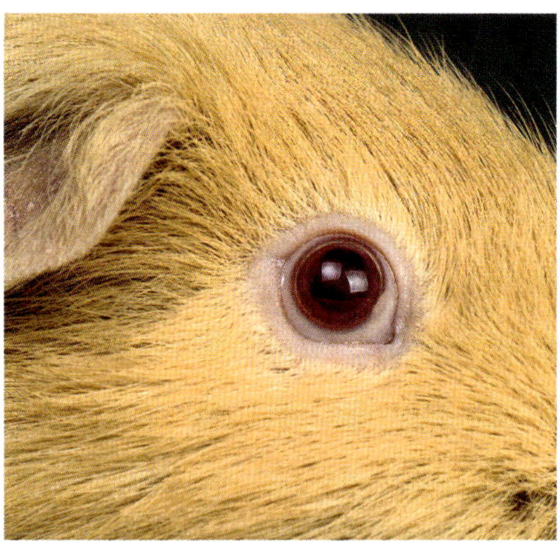

Ein Auge mit einer Ablagerung im vorderen Irisbereich

Augenfehler vererben sich stark und schnell weiter. In sehr seltenen Fällen treten unterschiedlich große Augen bzw. abweichende Augenfarben auf. Auch dies kann als Fehler gelten. Die Augen bzw. die Augenlider eines Meerschweinchens verändern sich bis ins fortgeschrittene Alter.

Ohren

Die Ohren dürfen möglichst keine Warzen, Ohrfalten, zu starke Außenbehaarung oder Beschädigungen zeigen. Zu dicke oder zu stark eingerollte Ohransätze gelten häufig schon als kleiner Fehler. Eine offene Ohrfalte wird in einer Bewertung als leichter Fehler akzeptiert, führt aber zur Abstufung. In der Seitenansicht sollte das Ohr möglichst in einem flachen Winkel (etwa 25 bis 30 Grad) zum Boden liegen. Die Ohren müssen hängend getragen werden und eine leichte Welle aufweisen. Sie sollten möglichst nicht eingeschoben sein. Etwa von der 2. bis zur 6. Lebenswoche neigen die Ohren bei Jungtieren sehr oft dazu abzustehen. Dieses ändert sich im Alter wieder. In der Zucht ist eine sehr gute Ohrform und -größe ein wichtigeres Kriterium als zum Beispiel eine leicht offene Ohrfalte. Dies gilt auch für sehr hoch angesetzte Ohren.

Form und Größe der Ohren sind bei diesem Tier ideal.

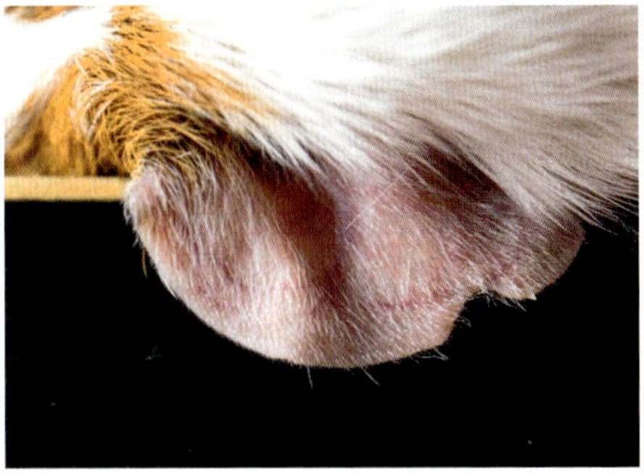

Diese Ohrbeschädigung ist schon sehr grenzwertig.

Eine sehr schöne Ohrform und -größe.

Eine offene Ohrfalte

Dieses Ohr ist leicht eingeschoben.

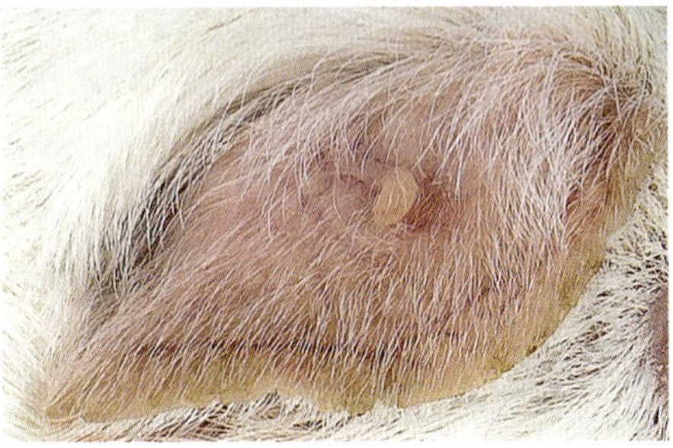

Hier ist eine kleine Ohrwarze zu erkennen.

Ein welliges und steil getragenes Ohr

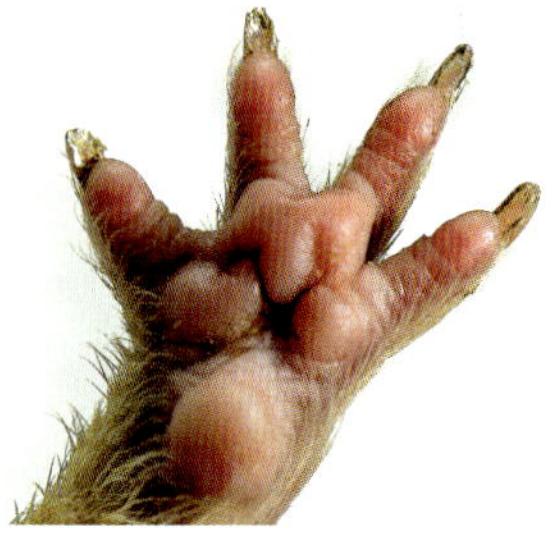

Ein Vorderfuß von unten gesehen

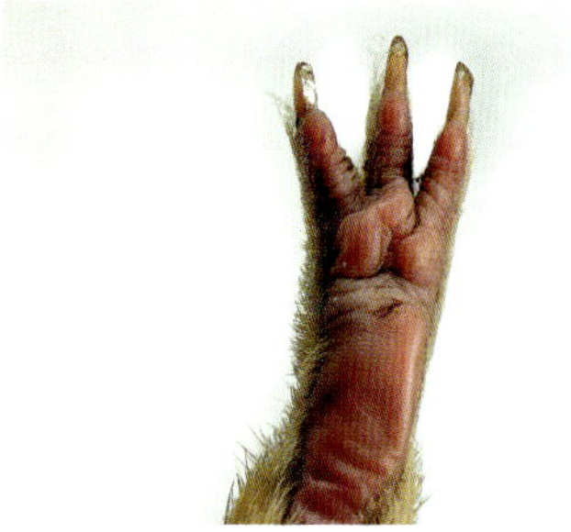

Ein Hinterfuß von unten gesehen

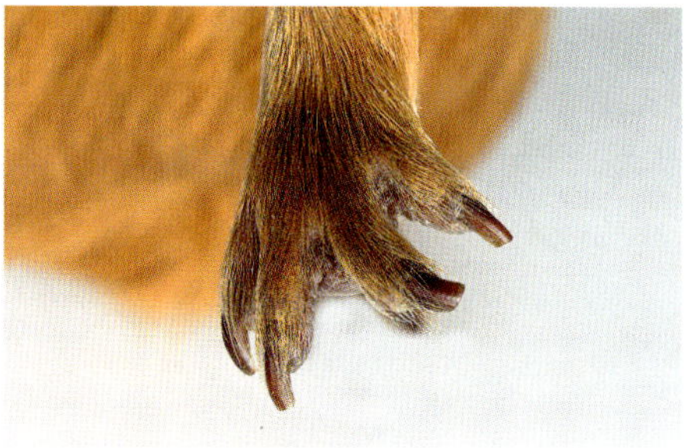

Eine stark gekrümmte Kralle

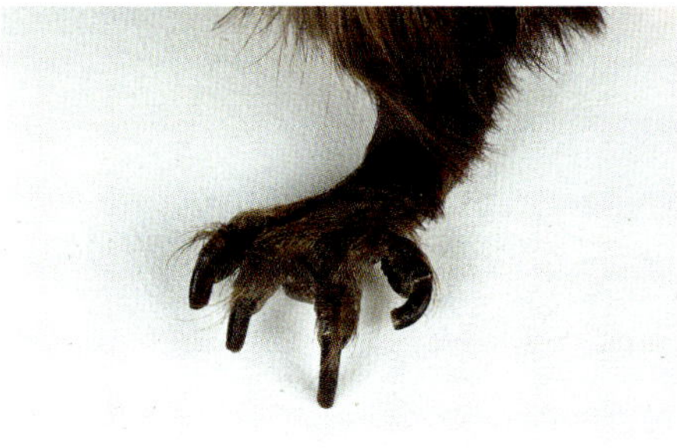

Das Vorkommen einer zusätzlichen Zehe – hier am Hinterfuß – wird als Polydaktylie oder Atavismus bezeichnet.

Viele andere Beurteilungspunkte sind wesentlich schwieriger herauszuzüchten. Oft zeigt die F1-Generation bei einem entsprechenden Ausgleichspartner diesen Fehler schon nicht mehr. Die rundliche Kahlstelle im Fell hinter den Ohren ist bei allen Meerschweinchen vorhanden; sie sollte so klein wie möglich sein. Zu stark beschädigte Ohren treten oft in Linien mit schlechtem Sozialverhalten auf. Eine kleine Beschädigung der Ohrkante, die durch ein Muttertier beim Auspacken aus der Eihaut bei der Geburt entstehen kann, gehört natürlich nicht dazu.
Ein weiterer Grund für massive Ohrbeschädigungen liegt oft in einer Gruppenhaltung mit hohem Stresspotenzial. Hier greifen sich die Tiere regelmäßig an. Ständige Ohrverletzungen sind die Folge. Dies kann in einer Käfigbox genauso auftreten wie in einem großen Auslauf. Ein guter Züchter achtet sehr darauf und selektiert solche Tiere aus seiner Linie aus. Oft neigen Babys nämlich dazu, dieses Fehlverhalten der adulten Tiere zu übernehmen, was natürlich nicht gewünscht ist.

Beine und Füße

Die Hinterbeine sind kräftig und muskulös, sie liegen parallel unter dem Körper. Die Vorderbeine haben stark und gerade zu sein. Bei einer Standprobe sollen die Brust und der Körper des Meerschweinchens möglichst hoch und breit über der Bodenfläche gehalten werden.
Ein Mandolinentyp (Vorderhand liegt tiefer als die Hinterhand), wie es bei manchen Kaninchenrassen erwünscht ist, wird bei den Meerschweinchen oft als Typ- und Bau-Fehler bestraft. Die Vorderbeine dür-

Diese Langhaarjungtiere sind im Stadium des Fellwachstums.

fen nicht zu große Kahlstellen an ihrer Innenseite aufweisen.
Tiere mit dem Genpar RhRh mm (wie Rosetten, Peruaner, Alpaka, Lunkarya) neigen oft zu etwas dünner behaarten und trockenen Füßen. Die Krallen – vorne jeweils vier, hinten jeweils drei – müssen gerade auf dem Boden aufstehen und dürfen sich nicht zur Seite wegdrehen. Tiere, die von Geburt an verdrehte (oft an den beiden mittleren Zehen am Vorderfuß) oder gespaltene Krallen besitzen, vererben diesen Fehler sehr hartnäckig weiter.

Ein zusätzlicher Zeh (Polydaktylie/Atavismus) ist strikt verboten, er kommt aber manchmal an den Hinterfüßen vor. Um späteren Fuß- und Ballenverletzungen vorzubeugen, sollten diese überzähligen Zehen, wenn sie ohne Knochen sind, im Jungtieralter vom Tierarzt entfernt werden. Zur Fußpflege gehört es, regelmäßig die Krallen zu schneiden und zu säubern.

Verhornungen seitlich am Fußballen sind ebenfalls mit warmem Wasser einzuweichen und zu entfernen.

Die Rassen

Glatthaar

Genformel	LL rhrh MM stst SnSn RxRx FzFz ChCh lulu
Herkunft (Gebiet)	Südamerika
Name	D: Glatthaar, NL: Gladhaar, GB: Self Cavy
Bekannt seit	etwa 1530
MFD BD e.V.	anerkannte Rasse

Das Glatthaar Meerschweinchen hat kurzes, glänzendes, glattes und am Körper eng anliegendes Fell. Die Behaarung des Tieres sollte hierbei so dicht und sanft wie möglich sein. Die Haarlänge, gemessen auf der Hinterhand, darf die geforderten 2,5 cm nicht überschreiten (etwa 1 cm über einer Fingerbreite).

Tiere der Farbe Buff, Safran, Creme dunkle Augen, Creme rote Augen, Weiß dunkle Augen und Weiß rote Augen haben oft eine etwas längere Behaarung. Hinter den Vorderbeinen muss das Fell möglichst waagerecht verlaufen. Senkrecht abfallendes Fell, wie es oft Satin Glatthaar (Crested) Meerschweinchen zeigen, sollte nicht vorkommen. Beim Übergang vom Kopf zum Körper müssen die Haare des Fells eng anliegen. Wirbel oder Kiemen gelten als schwere Fehler. Das Rückenfell sollte parallel zu den Seiten (Flanken) verlaufen und keine Wellen, Ridgebacks oder Bögen (Angel Wings) aufweisen. Bei der Bauchbehaarung ist darauf zu achten, dass hier die Haare nicht zu dünn eingepflanzt sind.

Auf den Füßen sollten keine Wirbel oder Kämme vorhanden sein. Zwischen Auge und Nase dürfen keine kleinen Wirbel auftreten.

Glatthaar Meerschweinchen (Schwarz)

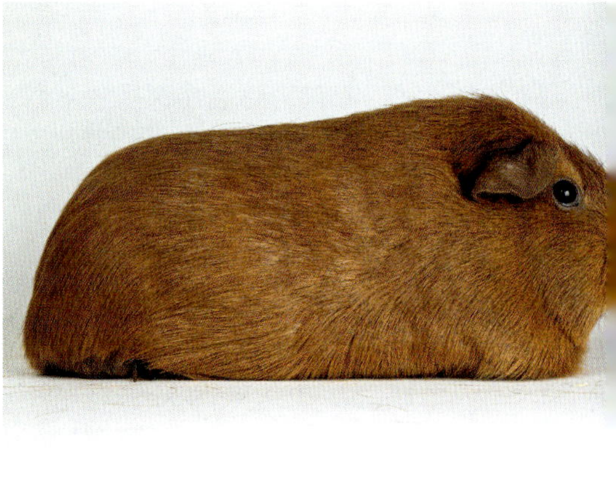

Glatthaar Meerschweinchen (Gold dunkle Augen)

Glatthaar Meerschweinchen (Creme dunkle Augen)

Glatthaar Meerschweinchen (Weiß dunkle Augen)

Glatthaar Meerschweinchen (Schwarz-Rot-Weiß)

Glatthaar Meerschweinchen (Schokolade-Gold-Weiß)

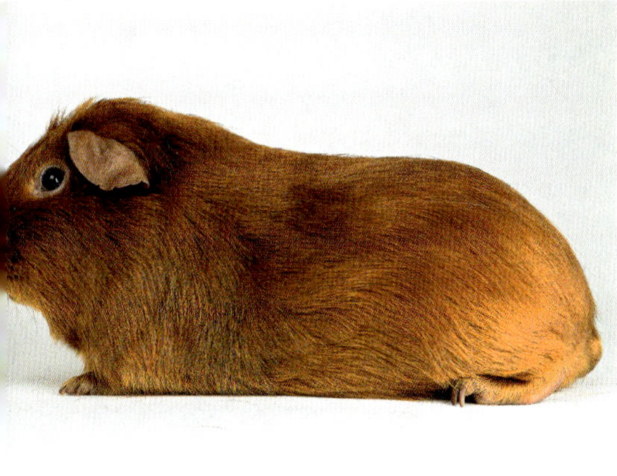

Haarfall hinter den Vorderbeinen

Eine Kiemenbildung am Wangenansatz

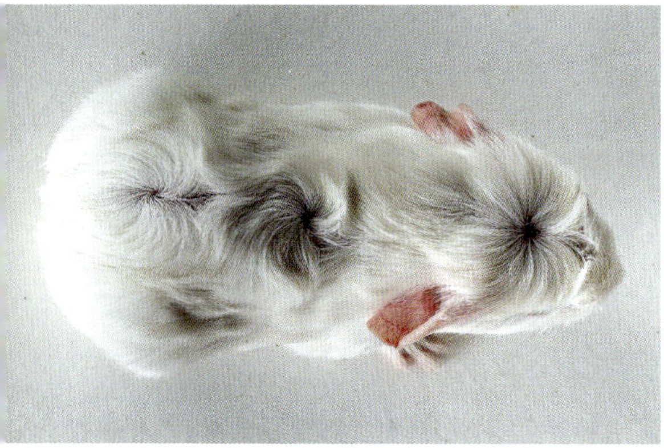

Rückenwirbel und doppelte Angel Wings

Eine versteckte Kahlstelle am Hals

Fehlwirbel auf der Hinterhand

Die Unterfarbe des Fells eines Glatthaar Meerschweinchens darf möglichst nicht oder nur minimal von der Deckfarbe abweichen. Den größten Farbunterschied zwischen Deck- und Unterfarbe findet man meist bei den Haaren auf der Hinterhand.

Die Farbe eines Glatthaar Tieres ist ein sehr wichtiges Beurteilungskriterium, deshalb dürfen auch Schattierungen in der Deckfarbe oder andersfarbige Haare im Fell nicht vorkommen.

Crested

Genformel	LL rhrh MM StSt SnSn RxRx FzFz ChCh lulu
Herkunft (Gebiet)	Nordamerika
Name	D: Crested, NL: Gekruind, GB: Crested
Bekannt seit	1972
MFD BD e.V.	anerkannte Rasse

Das Crested Meerschweinchen entspricht in Typ, Bau und Fellbeschaffenheit sowie der Haarlänge dem Glatthaar Meerschweinchen. Als Besonderheit trägt das Crested eine Stirnrosette (auch Krone oder Schopf genannt). Die Form der Rosette muss gleichmäßig groß und rund sein. Ihr Zentrum sollte einen stecknadelkopfgroßen Mittelpunkt besitzen. Die ideale Lage ist etwas oberhalb des Zentrums

eines gedachten Kreuzes zwischen den Ohren und den Augen.
Oft zeigen Crested einen kleinen Fehlwirbel zwischen der Krone und dem vorderen Augenwinkel. Kronenscheitelungen treten ebenfalls recht häufig auf. Crested Meerschweinchen werden in „Englische“ und „Amerikanische“ unterteilt. Das „Englische“ besitzt eine Krone in Körperfarbe, das „Amerikanische“ eine in Weiß. Der Weißanteil sollte möglichst 100 % entsprechen. Eine nicht geschlossene Weißfärbung gilt als Fehler. Ob es ein eigenständiges Gen gibt, dass für diese Weißfärbung verantwortlich ist, oder ob der Weißanteil an das Kronengen gekoppelt ist, ist bis dato nicht wirklich geklärt. Es scheint auch Tiere zu geben, bei denen sich der Weißanteil der Krone bis auf das Körperfell ausbreitet, also Tiere, die größere weiße Felder zeigen, obwohl sie nicht das ss-Genpaar (Scheckungsfaktor) besitzen.

Englisches Crested Meerschweinchen (Schwarz-Rot-Agouti)

Englisches Crested Meerschweinchen (Schokolade-Weiß-Agouti)

Englisches Crested Meerschweinchen (Schokolade-Weiß-Solidagouti)

Englisches Crested Meerschweinchen (Slate Blue-Creme-Loh)

Englisches Crested Meerschweinchen (Slate Blue-Weiß-Loh)

Englisches Crested Meerschweinchen (Schwarz)

Englisches Crested Meerschweinchen (Buff)

Englisches Crested Meerschweinchen (Safran)

Englisches Crested Meerschweinchen (Weiß rote Augen)

Englisches Crested Meerschweinchen (Himalaya Schwarz)

Englisches Crested Meerschweinchen (Slate Blue)

Englisches Crested Meerschweinchen (Rot)

Englisches Crested Meerschweinchen (Creme dunkle Augen)

Englisches Crested Meerschweinchen (Weiß dunkle Augen)

Englisches Crested Meerschweinchen (Buff-Weiß)

Amerikanisches Crested Meerschweinchen (Schokolade-Gold-Agouti)

Amerikanisches Crested Meerschweinchen (Schwarz)

Amerikanisches Crested Meerschweinchen Satin (Gold dunkle Augen)

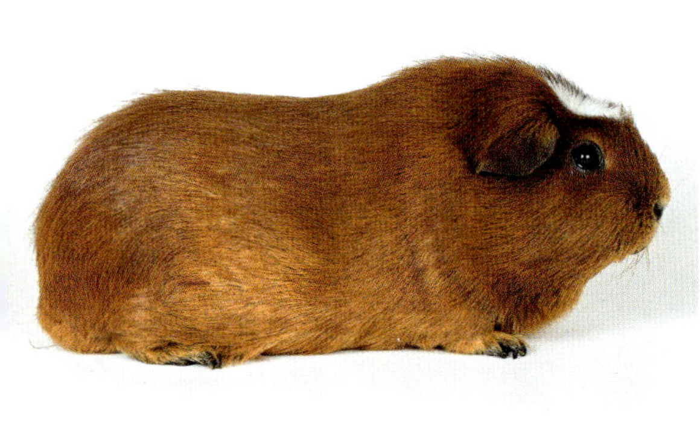

Amerikanisches Crested Meerschweinchen (Rot)

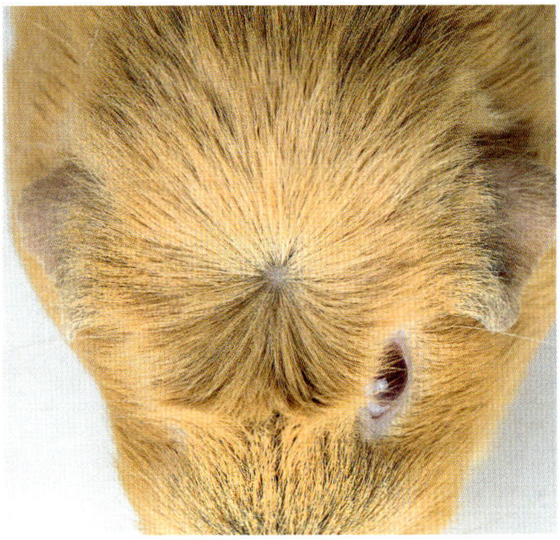

Krone mit etwas offenem Zentrum

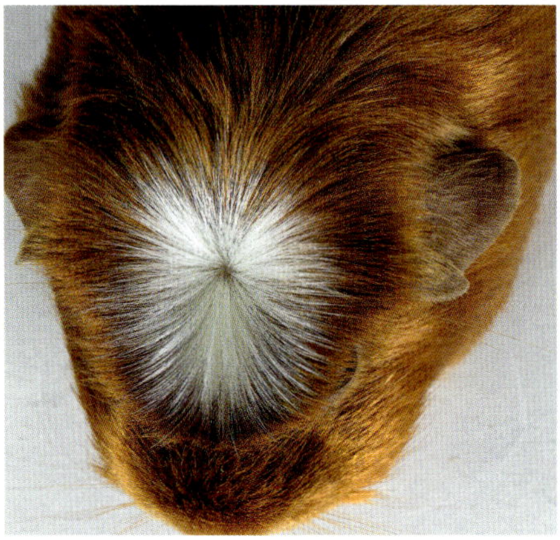

Krone mit idealem Weißanteil

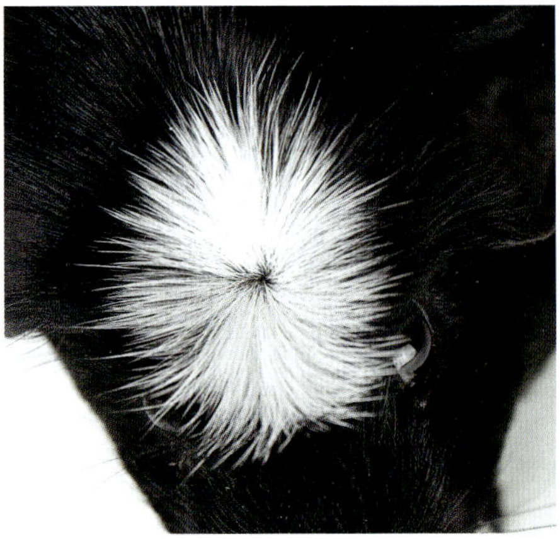

Krone mit idealem Weißanteil

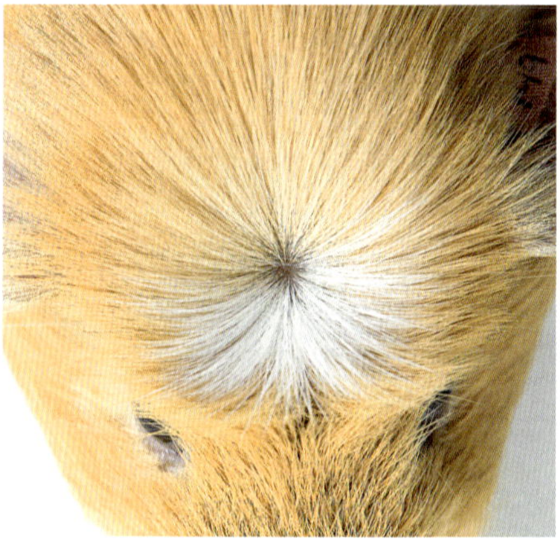

Krone mit nicht geschlossenem Weißanteil

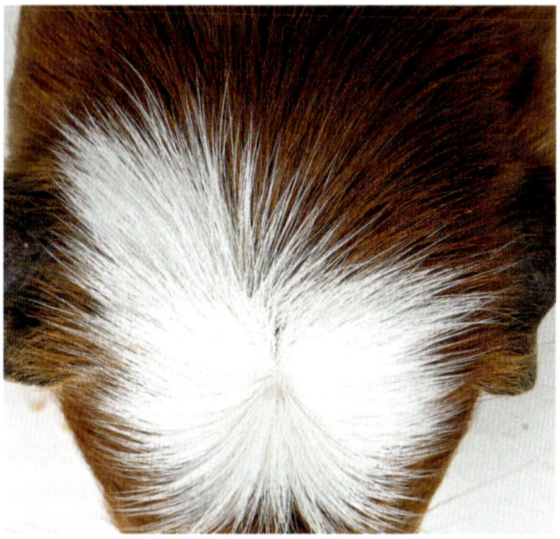

Krone mit unharmonischem Weißanteil

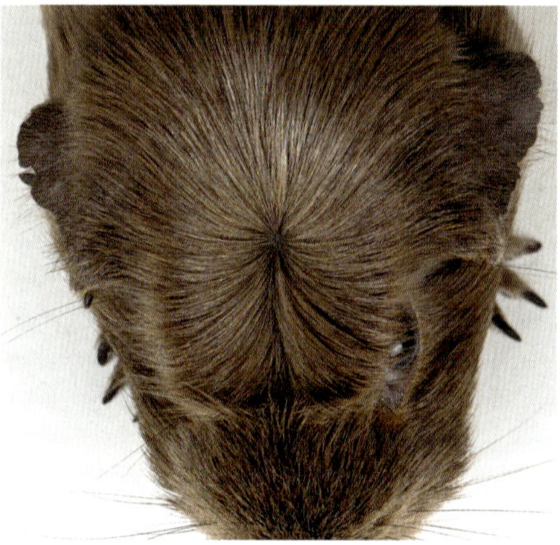

Krone mit leichter Scheitellung im vorderen Bereich

Typischer Fehlwirbel am Auge

Kieme von oben gesehen

Neben der Stirnrosette zählt die Farbe eines Crested Meerschweinchens, wie auch beim Glatthaar Meerschweinchen, mit zum wichtigsten Beurteilungskriterium.

Deshalb dürfen auch Schattierungen oder andersfarbige Haare im Fell nicht vorhanden sein.

Tiere, die Kronen aus der „Schwarzen Reihe“ besitzen, haben oft ein offeneres Zentrum gegenüber denen der „Roten Reihe“.

Rosetten

Genformel	LL RhRh mm stst SnSn RxRx FzFz ChCh lulu
Herkunft (Gebiet)	England
Name	D: Rosetten, NL: Borstelhaar, GB: Abyssinian
Bekannt seit	1880
MFD BD e.V.	anerkannte Rasse

Das Rosetten Meerschweinchen hat kurzes, vom Körper abstehendes Fell. Die Behaarung des Tieres sollte hierbei so dicht und harsch wie möglich sein. Die Haarlänge, gemessen an den Kämmen darf die 3,5 cm nicht überschreiten (etwa 1,5 bis 2,0 cm über einer Fingerbreite). Das Fell des Rosetten Meerschweinchens wächst vom Mittelpunkt einer jeden Rosette nach außen. Die Haare stoßen hierbei zu bürstenartigen Kämmen zusammen. An den Kopfseiten bilden die Haare kleine Ansätze von Backenbärten.

Das ideale Rosetten Meerschweinchen besitzt zwölf Wirbel: zwei Hüftrosetten, zwei Hinterhandrosetten, zwei Rückenrosetten, zwei Flankenrosetten sowie zwei Schulterrosetten. Der Standard des MFD BD e.V. bevorzugt noch zwei Nasenrosetten.

Im englischen Standard sind zwei weitere Schulterrosetten gestattet. Mindestens die acht Körperrosetten sind notwendig, um nicht aus einer Bewertung zu fallen. Die Rosetten sollten so groß und rund wie möglich sein. Das Zentrum einer jeden Rosette soll die Größe eines Stecknadelkopfes besitzen. Doppelrosetten oder welche mit zu langem oder zu offenem Mittelpunkt sind unerwünscht und werden als Fehler bewertet. Zusätzliche Rosetten dürfen ebenfalls nicht vorhanden sein. Oft verstecken diese sich in den Kämmen auf der Hinterhand.

Die Anordnung der Rosettenzentren sollte sich in gerader Linie über den Körper ziehen. Die Bauchbehaarung ist dicht und kurz. Rosetten Meerschweinchen neigen eher dazu, kleine und schlecht getragene Ohren zu besitzen. Dies ist dank der Züchter inzwischen kein Problem mehr.

Rosetten Meerschweinchen (Schwarz-Rot-Loh)

Rosetten Meerschweinchen (Schwarz)

Rosetten Meerschweinchen (Schwarz-Rot-Solidagouti)

Rosetten Meerschweinchen (Schokolade)

Rosetten Meerschweinchen (Lilac)

Rosetten Meerschweinchen (Rot)

Rosetten Meerschweinchen (Brindle Schwarz-Rot)

Rosetten Meerschweinchen (Brindle Schwarz-Weiß)

Rosetten Meerschweinchen (Rot-Weiß)

Rosetten Meerschweinchen (Schwarz-Rot-Weiß)

Rosetten Meerschweinchen (Schimmel Schwarz)

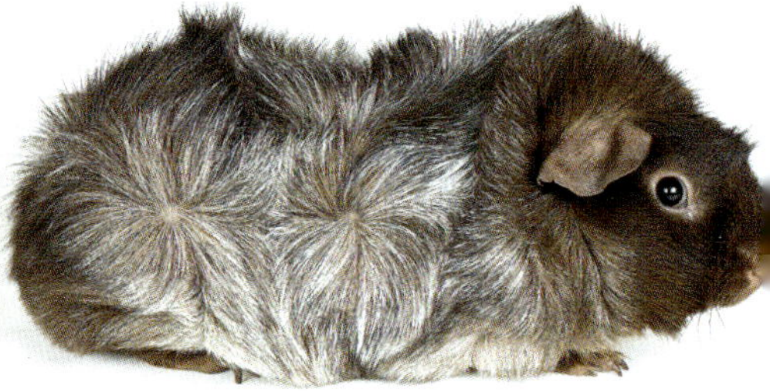

Rosetten Meerschweinchen (Schimmel Schokolade)

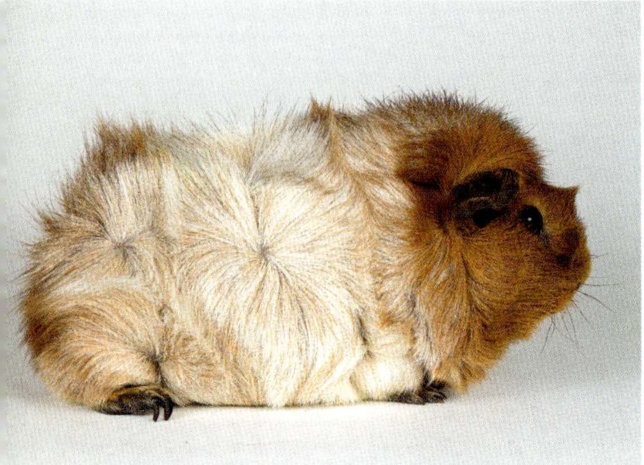

Rosetten Meerschweinchen (Schimmel Rot)

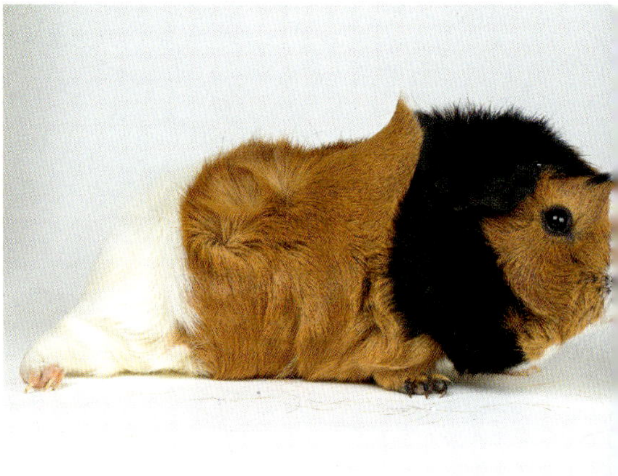

Eine Rosette mit falscher Rosettenplatzierung (Schwarz-Rot-Weiß)

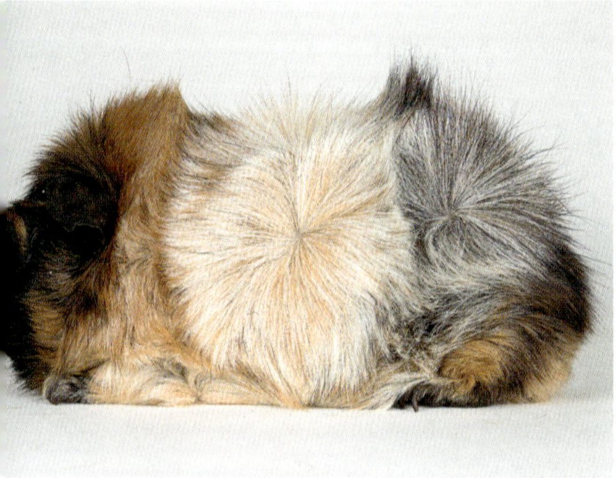

Rosetten Meerschweinchen (Schimmel Schwarz-Rot)

Rosetten Meerschweinchen (Schimmel Gold rote Augen)

Sehr schöne Nasenrosetten (Schimmel Schwarz-Rot-Agouti)

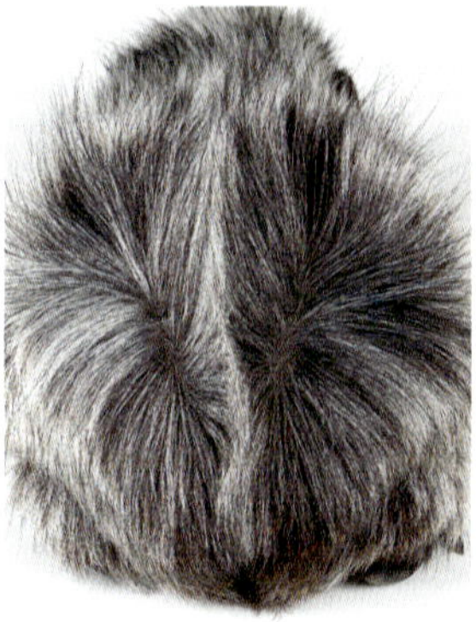

Sehr schöne Hinterhandrosetten (Schimmel Schwarz-Rot-Agouti)

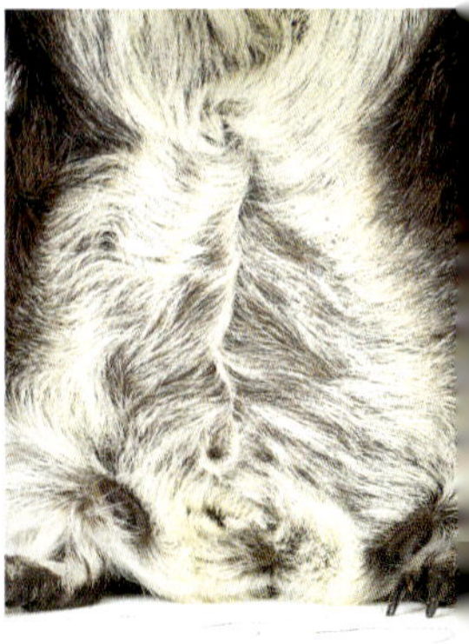

Die Bauchseite eines Rosetten Meerschweinchens (Schwarz-Weiß-Loh)

Eine Doppelrosette (Schwarz-Rot-Agouti-Schimmel)

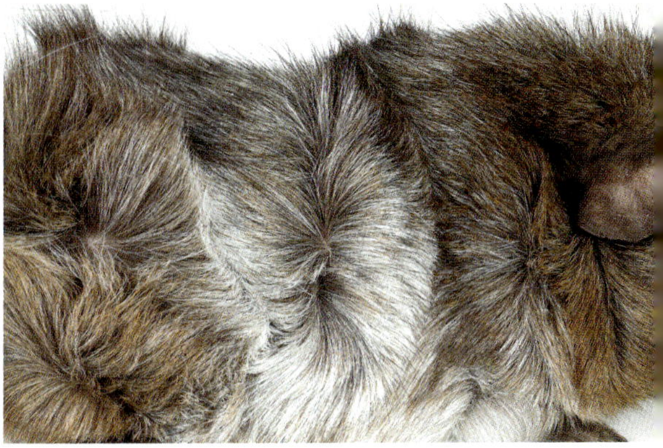

Eine zusätzliche Rosette links in der Bildmitte und eine Doppelrosette in der Flanke

Rex

Genformel	LL rhrh MM stst SnSn rxrx FzFz ChCh lulu
Herkunft (Gebiet)	England
Name	D: Rex, NL: Rex, GB: Rex
Bekannt seit	1970
MFD BD e.V.	anerkannte Rasse

Das Rex Meerschweinchen besitzt kurzes, gekräuseltes, vom Körper abstehendes Fell. Die Behaarung des Tieres sollte so dicht sein, dass die Haut kaum mehr zu sehen ist. Die Haare sind harsch und federn sehr stark. Ihre Länge, gemessen auf der Hinterhand, darf die nach Standard geforderten 2,5 cm nicht überschreiten (etwa 1 cm über einer Fingerbreite). Das Fell muss möglichst überall gleich lang sein und vom Körper abstehen, um eine gute Qualität zu zeigen. Hierbei ist die Harschheit des Fells zusätzlich vom Alter abhängig. Jungtiere besitzen oft noch sehr weiches Fell.

Auch die Fütterung sowie die Pflege des Fells beeinflussen die Haarhärte. Sehr ölhaltiges Futter lässt ebenso wie kalkarmes Futter das Fell weicher werden. Besonders fatal ist das Vorhandensein von US-Teddy-Genen in den Tieren. Gelegentlich kommt es vor, dass bei manchen Rex Meerschweinchen die Behaarung im Rückenbereich zwischen Schulterblättern und Rücken mehr oder weniger glatt anliegt. Dieses Erscheinungsbild wird auch als „Sattel" bezeichnet. Eine solche Sattelbildung des Fells mindert die Qualität des Tieres erheblich und gilt als Fehler. Besonders häufig tritt eine flache Behaarung auf den Seiten der Hinterhand auf. Bei Jungtieren wird dies zumeist noch geduldet. Wirbel dürfen ebenfalls nicht auftreten. Die Flankenbehaarung hinter den Vorderbeinen ist oft sehr undeutlich. Bei der Bauchbehaarung dieser Rasse ist darauf zu achten, dass hier die Haare schön dicht sind und ebenfalls stark gekräuselt. Die Haut des Tieres darf nicht zu sehen sein.

Rex Meerschweinchen können sehr groß und kräftig werden. Sehr große und schwere Tiere neigen daher recht schnell dazu, sich die Bauchbehaarung dünn zu liegen bzw. zu schrubben.

Zusätzlich weisen die Schnurrbarthaare auch eine Kräuselung auf. Bei einem Rex Meerschweinchen gilt der Farbunterschied zwischen Deck- und Unterfarbe, wie beim Glatthaar Meerschweinchen, ebenfalls als sehr wichtiges Qualitätskriterium.

Rex Meerschweinchen (Gold dunkle Augen)

Rex Meerschweinchen (Buff)

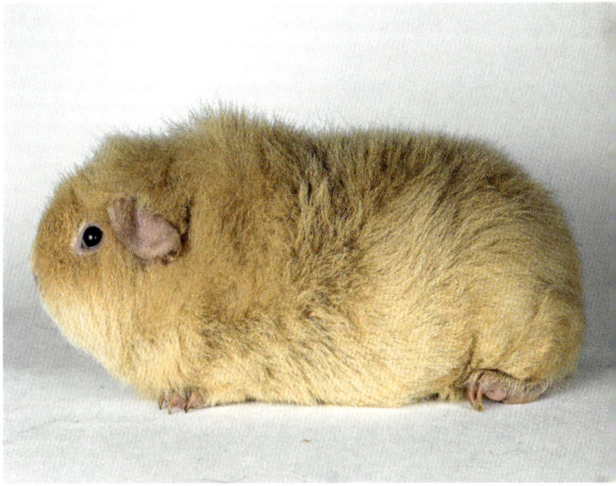

Rex Meerschweinchen (Creme dunkle Augen)

Rex Meerschweinchen (Rot-Weiß)

Rex Meerschweinchen (Gold dunkle Augen-Weiß)

Rex Meerschweinchen mit flacher Flankenbehaarung (Rot-Weiß)

Rex Meerschweinchen mit Nackenscheitel (Schwarz-Rot-Weiß)

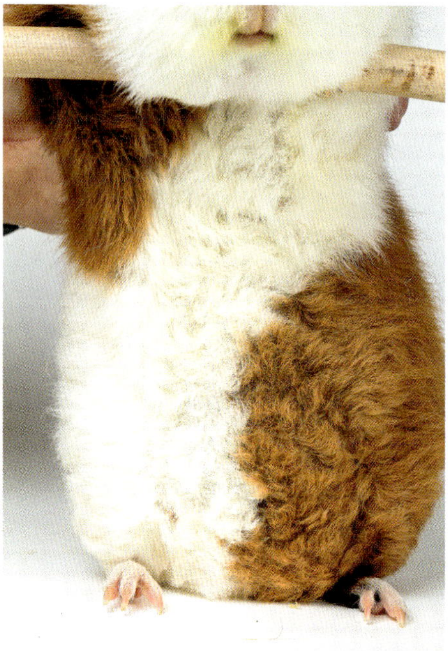

Ideale Bauchbehaarung eines Rex Meerschweinchens

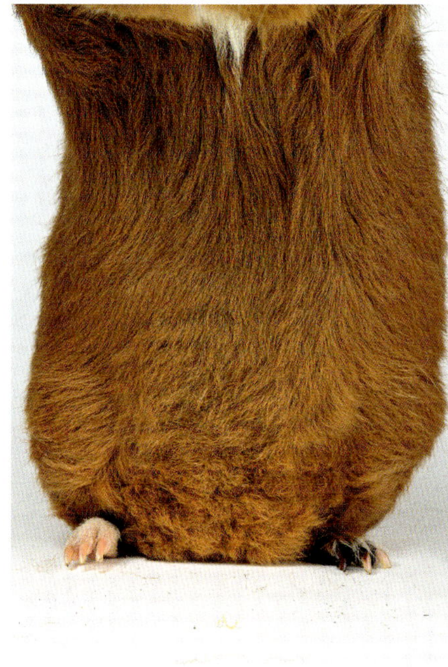

Recht flache Bauchbehaarung eines Rex Meerschweinchens

US-Teddy

Genformel	LL rhrh MM stst SnSn RxRx fzfz ChCh lulu
Herkunft (Gebiet)	Nordamerika
Name	D: US-Teddy, NL: US-Teddy, GB: US-Teddy
Bekannt seit	1967
MFD BD e.V.	anerkannte Rasse

Das US-Teddy Meerschweinchen ähnelt für einen Anfänger in Typ, Bau und Fellart dem Rex Meerschweinchen. Es kam erst 1996 von Nordamerika nach Mitteleuropa und entsteht durch das „Wavy"- bzw. „Fuzzy"-Genpaar. Das US-Teddy Meerschweinchen besitzt ebenfalls kurzes, gekräuseltes, vom Körper abstehendes Fell. Im Gegensatz zum Rex Meerschweinchen sind die Haare eines US-Teddys weich und elastisch. Die Haut darf durch die dichte Behaarung nicht mehr zu sehen sein. Die Haarlänge, gemessen auf der Hinterhand, darf die nach Standard geforderten 2 cm nicht überschreiten (etwa eine Fingerbreite). Das Fell muss möglichst überall gleich lang und plüschig bzw. samtig vom Körper abstehen.

Besonders fatal ist das Vorhandensein von Rex-Genen. Für den Rückenbereich des

US-Teddy Meerschweinchen (Schwarz)

US-Teddy Meerschweinchen (Schokolade)

US-Teddy Meerschweinchen (Schwarz-Rot-Weiß)

US-Teddy Meerschweinchen (Schokolade-Gold-Weiß)

US-Teddy Meerschweinchen (Rot-Weiß)

US-Teddy Meerschweinchen gelten für die Sattelbildung des Fells die gleichen Bedingungen wie auch für das Rex Meerschweinchen.
Ein weiterer häufiger Fehler bei der US-Teddybehaarung ist ein zu flach liegendes Fell auf der Hinterhand sowie eine Teilung der Behaarung auf dem Kopf hinter den Ohren (Kerbe). Die Schnurrbarthaare sind leicht gebogen bis gewellt. Wirbel gelten als schwere Fehler. Bei der Bauchbehaarung unterscheidet sich das US-Teddy Meerschweinchen durch ein anliegendes glattes Fell vom Rex. Bei Jungtieren ist

eine leicht gelockte Bauchbehaarung noch normal. Sie verschwindet zumeist mit dem Heranwachsen des Tieres.
Oft sind US-Teddy etwas kleiner und leichter als Rex Meerschweinchen. Bei einem US-Teddy Meerschweinchen gilt der Farbunterschied zwischen Deck- und Unterfarbe, wie auch beim Glatthaar Meerschweinchen, als wichtiges Qualitätskriterium.

CH-Teddy

Genformel	LL rhrh MM stst SnSn RxRx FzFz chch lulu
Herkunft (Gebiet)	Schweiz
Name	D: CH-Teddy, NL: CH-Teddy, GB: CH-Teddy
Bekannt seit	1996
MFD BD e.V.	anerkannte Rasse

Das CH-Teddy Meerschweinchen besitzt ein etwa 4 bis 6 cm langes, raues Fell. Die Haarlänge am Kopf ist kurz. Die Behaarung ist leicht gekräuselt und steht außer am Bauch überall plüschartig vom Körper ab. Die Haare sind fest und elastisch. Sie sollen möglichst überall gleich lang sein. Eine längere Behaarung auf der Hinterhand und das Besitzen einer Krone (Stirnrosette) sind unschöne Fehler und noch sehr häufige aktuelle Begleiterscheinungen dieser Rasse. Dies liegt darin begründet, dass oft Tiere mit Krone in der Zucht eingesetzt werden bzw. wurden. Bei erwachsenden Tieren ist das Vorhandensein einer solchen Krone recht schwer zu erkennen. Mit etwas Übung erkennt man ein kleines Zentrum.

Glatt anliegendes Fell darf ebenso wie Wirbel oder Kämme nicht vorkommen. Bei der Bauchbehaarung ist darauf zu achten, dass die Haare dicht stehen und leicht gewellt sind. Die Schnurrbarthaare sind fast gerade bzw. leicht gebogen.

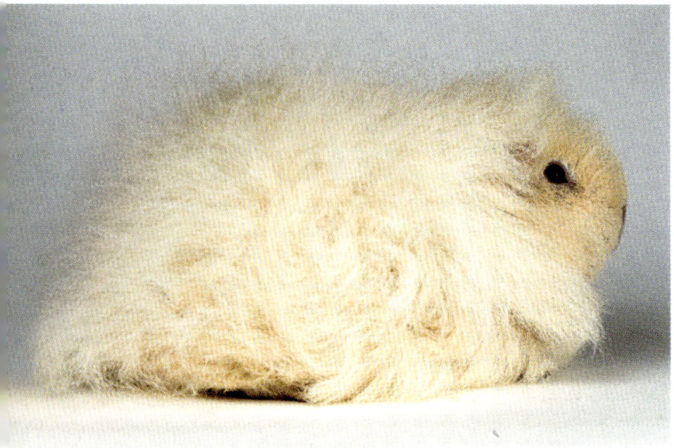

CH-Teddy Meerschweinchen (Creme dunkle Augen)

CH-Teddy Meerschweinchen mit ungleicher Haarlänge (Schwarz-Rot-Weiß)

Bei einem CH-Teddy Meerschweinchen gilt der Farbunterschied zwischen Deck- und Unterfarbe, wie beim Glatthaar Meerschweinchen auch, als wichtiges Qualitätskriterium. Die Unterfarbe ist hierbei im Regelfall deutlich besser als bei allen Langhaarrassen. Eine weitere Besonderheit dieser Rasse ist, dass die Tiere einen sehr starken Fellwechsel haben. Vor allem während der Wachstumsphase durchläuft die Behaarung unterschiedliche Entwicklungsstadien. Dies gilt auch für die Zeit der Trächtigkeit und die Stillzeit der Muttertiere.

Wie gut die Fellqualität eines CH-Teddy Meerschweinchens ist, kann erst bei einem ausgewachsenen Tier beurteilt werden. Das Einkreuzen von Kurzhaarrassen, Rex, US-Teddy sowie Langhaartieren kann sich negativ auf die Gleichmäßigkeit der Felllänge auswirken. Somit sollte möglichst das Vorhandensein dieser Gene vermieden werden.

Sheltie

Genformel	ll rhrh MM stst SnSn RxRx FzFz ChCh lulu
Herkunft (Gebiet)	England
Name	D: Sheltie, NL: Sheltie, GB: Sheltie
Bekannt seit	1972
MFD BD e.V.	anerkannte Rasse

Das Sheltie Meerschweinchen trägt langes, glänzendes und glattes Fell. Die Behaarung des Tieres sollte hierbei so dicht, seidig und volumenreich wie möglich sein. Die Haarlänge eines erwachsenen Tieres muss auf bodenlang (plus höchstens 2 cm) geschnitten werden. Die Kopfbehaarung dagegen ist kurz. Beim Übergang vom Kopf zum Körper bilden die Haare an den Wangenflächen möglichst lange und volle Backenbärte. Idealerweise sind sie so lang, dass sie sich auf Höhe der Nasenspitze berühren könnten. Auf dem Rücken trägt ein Sheltie Meerschweinchen immer einen gerade verlaufenden Mittelscheitel. Das Fell fällt gleichmäßig am Tierkörper herab und bildet im Bereich der Hinterhand eine volle und gleichmäßige Schleppe.
Wellen in der Flankenbehaarung sind unerwünscht. Bei der Bauchbehaarung ist darauf zu achten, dass hier die Haare nicht zu dünn eingepflanzt sind. Auf den Füßen sowie am Körper sollten keine Kämme und Wirbel vorhanden sein. Die Fellfarbe eines Sheltie Meerschweinchens darf keine gravierenden Unterschiede zwischen den Haarspitzen und dem Bereich der Haarwurzel aufweisen.

Aufgrund der enormen Haarlänge werden bei Langhaartieren nicht so strenge Farbmaßstäbe angewendet wie bei den Tieren der Kurzhaarrassen. Die Farbe Buff/Safran wirkt am Körper schon oft wie Creme dunkle Augen/rote Augen. Die Farbe Creme dunkle Augen/rote Augen wirkt fast wie Weiß dunkle Augen/rote Augen. Wildfarbige Tiere zeigen aufgrund der abgeschnittenen Haarspitzen kaum mehr ihr Ticking oder Tipping.

Sheltie Meerschweinchen (Rot)

Sheltie Meerschweinchen (Schwarz-Rot-Agouti-Weiß)

Sheltie Meerschweinchen (Rot-Weiß)

Sheltie Meerschweinchen (Schimmel Schwarz)

Coronet

Genformel	ll rhrh MM StSt SnSn RxRx FzFz ChCh lulu
Herkunft (Gebiet)	England
Name	D: Coronet, NL: Coronet, GB: Coronet
Bekannt seit	1980
MFD BD e.V.	anerkannte Rasse

Das Coronet Meerschweinchen entspricht in Typ, Bau und Fellbeschaffenheit dem Sheltie Meerschweinchen und trägt ebenfalls langes, glänzendes und glattes Fell. Das Haar eines erwachsenen Tieres muss auf bodenlang (plus höchstens 2 cm) geschnitten werden. Die Kopfbehaarung dagegen ist kurz. Auf dem Kopf besitzt es wie ein Crested eine Stirnrosette. Sie muss in Form und Platzierung der eines Crested

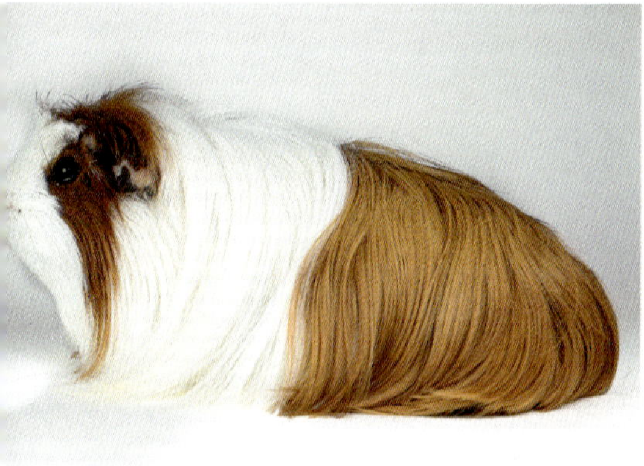

Coronet Meerschweinchen (Rot-Weiß)

Coronet Meerschweinchen (Slate Blue-Gold-Weiß)

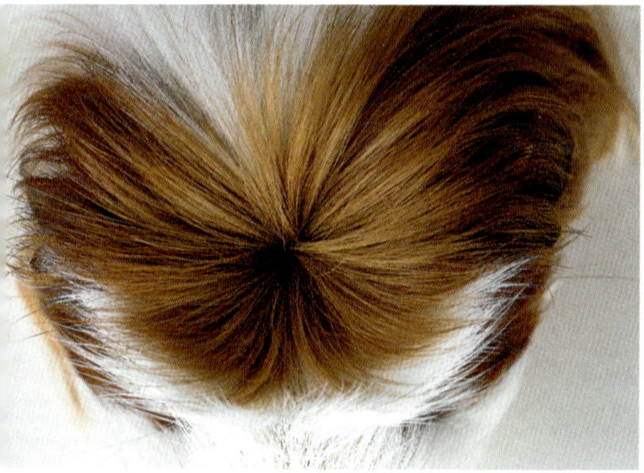

Ideale Krone eines Coronet Meerschweinchens

Dieses Coronet Meerschweinchen (Schokolade) zeigt eine leichte Welle auf der Hinterhand.

Meerschweinchens entsprechen. Manchmal neigt sie dazu, zu groß oder eckig zu sein.

Oft zeigen Coronets einen kleinen Fehlwirbel zwischen der Krone und dem vorderen Augenwinkel wie bei den Crested. Unterschiede zwischen „Englischen" bzw. „Amerikanischen" Coronets gibt es offiziell nicht.
Für die Backenbärte, Schleppe, Bauchbehaarung und Farbqualität gelten die gleichen Maßstäbe wie für die Sheltie Meerschweinchen.

Peruaner

Das Peruaner Meerschweinchen zeichnet sich durch langes, glänzendes und glattes Fell aus. Die Behaarung des Tieres sollte hierbei so dicht und volumenreich wie möglich sein. Das Haar eines erwachsenen Tieres muss auf bodenlang (plus höchstens 2 cm) geschnitten werden. Die Kopfbehaarung dagegen ist kurz. Vom Nacken des Tieres fällt das Fell nach vorne und bildet über dem Gesicht einen möglichst langen und vollen Pony. Er ist am besten so lang, dass er gut den Boden berührt. Beim Übergang vom Kopf zum Körper bilden die Haare an den Wangenflächen ebenfalls

Genformel	ll RhRh mm stst SnSn RxRx FzFz ChCh lulu
Herkunft (Gebiet)	England
Name	D: Peruaner, NL: Langhaar, GB: Peruvian
Bekannt seit	1880
MFD BD e.V.	anerkannte Rasse

möglichst lange und volle Backenbärte. Idealerweise sind sie so lang, dass sie sich auf Höhe der Nasenspitze berühren könnten. Auf dem Rücken trägt ein Peruaner Meerschweinchen einen gerade verlaufenden Mittelscheitel. Das Fell fällt gleichmäßig am Tierkörper herab.

Wellen im Fell sind unerwünscht. Ausnahme hierbei ist der Bereich der Hinterhand. Hier müssen bei einem Peruaner Meerschweinchen zwei Rosetten (Hüftrosetten) vorhanden sein. Diese müssen in ihrer Form und Größe die gleichen Bedingungen erfüllen wie bei einem Rosetten Meer-

Peruaner Meerschweinchen (Weiß dunkle Augen)

Peruaner Meerschweinchen (Schwarz-Weiß)

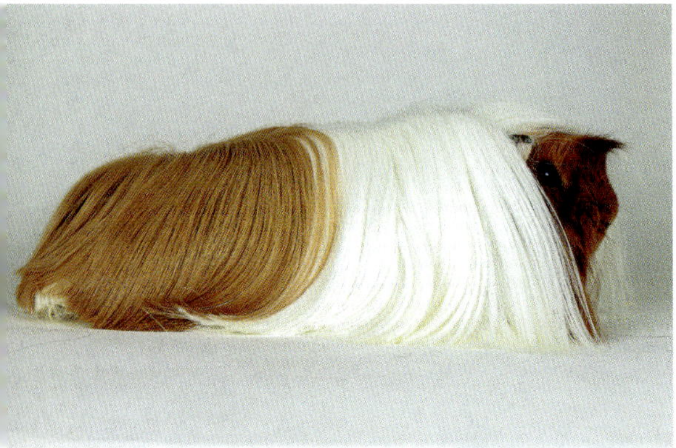

Peruaner Meerschweinchen (Rot-Weiß)

Peruaner Meerschweinchen (Buff-Weiß)

schweinchen. Sie dürfen nicht zu hoch bzw. zu niedrig platziert sein. Ebenfalls sind nicht parallel liegende Zentren unerwünscht. Durch die Hinterhandrosetten fällt das oben liegende Fell teilweise nach vorne. Die unten liegenden Haare bilden eine möglichst volle und gleichmäßige Schleppe. Bei der Bauchbehaarung ist ebenfalls wie beim Sheltie Meerschweinchen darauf zu achten, dass hier die Haare nicht zu dünn eingepflanzt sind. Die Fußbehaarung zeigt eine Kammbildung und oft eine etwas dünnere Behaarung auf. Für die Farbqualität gelten die für alle Langhaarrassen angewendeten nicht so strengen Farbmaßstäbe.

Pony und Backenbärte eines Peruaner Meerschweinchens

Die Peruaner sind eine der ältesten Rassen. Im Londoner Naturkundemuseum befindet sich das älteste ausgestopfte Peruaner Meerschweinchen aus dem Jahre 1880. Diese Haarmutation entstand also noch zu Zeiten, in denen es keinen Rassestandard für Meerschweinchen gab.

Texel

Genformel	ll rhrh MM stst SnSn rxrx FzFz ChCh lulu
Herkunft (Gebiet)	England
Name	D: Texel, NL: Tessel, GB: Texel
Bekannt seit	1984
MFD BD e.V.	anerkannte Rasse

Das Texel Meerschweinchen besitzt ein langes, glänzendes, gelocktes und elastisches Fell. Durch die Lockung erreicht das Fell nicht ganz die gleiche Länge wie bei einem glatthaarigen Langhaarmeerschweinchen. Je stärker die Lockung, je höher die Qualität. Eine Ausnahme hiervon findet man teilweise im Ausland. Dort werden die Locken manchmal ausgekämmt. Das Haar eines erwachsenen Tieres muss auf bodenlang (plus höchstens 2 cm) geschnitten werden. Die Kopfbehaarung ist kurz und gelockt. Backenbärte müssen wie bei allen Langhaarrassen ebenfalls vorhanden und so lang wie möglich sein.

Im Nackenbereich und in der Schulterpartie neigen manche Texel Meerschweinchen dazu, eine zu dünne Haareinpflanzung zu zeigen. Dies führt auf einer Ausstellung zum Ausschluss oder zur Abwertung. Auf

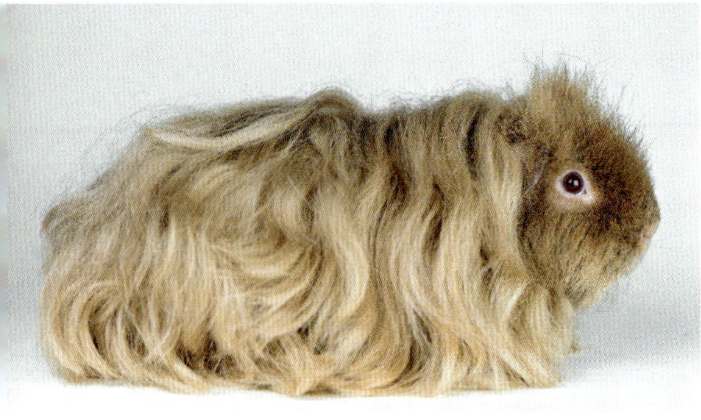

Dieses Texel Meerschweinchen (Beige) zeigt eine etwas schwache Lockung.

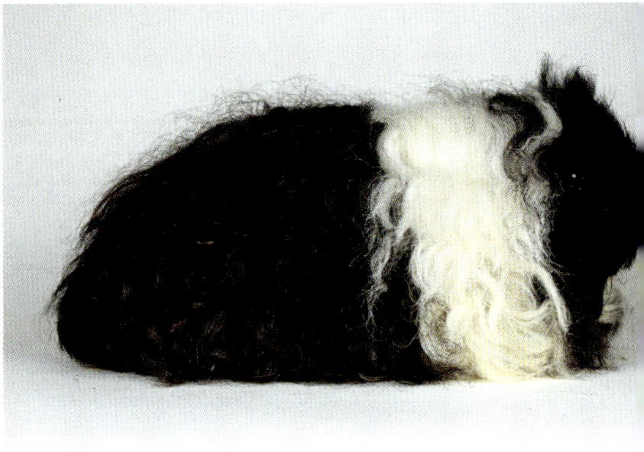

Texel Meerschweinchen (Schwarz-Weiß)

Sehr schöne Bauchbehaarung eines Texel Meerschweinchens

dem Rücken trägt ein Texel Meerschweinchen einen gerade verlaufenden Mittelscheitel. Das Fell fällt gleichmäßig am Tierkörper herab und bildet eine möglichst volle und gleichmäßige Haarpracht. Bei der Bauchbehaarung ist darauf zu achten, dass hier das Fell schön kräftig gelockt und dicht ist. Für die Farbqualität gelten die gleichen Maßstäbe wie für alle Langhaarrassen.
Die europäischen Texel, Merino und Alpaka bekommen ihre Lockung durch das Rex-Gen rxrx. Die nordamerikanischen Lockenmeerschweinchen durch das US-Teddy-Gen. Somit würden bei einer F1-Verpaarung Langhaarmeerschweinchen mit glattem Fell geboren.

Merino

Genformel	ll rhrh MM StSt SnSn rxrx FzFz ChCh lulu
Herkunft (Gebiet)	England
Name	D: Merino, NL: Merino, GB: Merino
Bekannt seit	1990
MFD BD e.V.	anerkannte Rasse

Das Merino Meerschweinchen ist entstanden aus einer Kreuzung von einem Texel und einem Coronet Meerschweinchen. Aus diesem Grund gelten für ein Merino Meerschweinchen die gleichen Bewertungskriterien von Typ und Bau, Fellbeschaffenheit, Platzierung und Form der Rosetten, wie sie bei beiden Rassen (Texel und Coronet) bereits oben beschrieben worden sind. Für die Farbqualität gelten die gleichen Maßstäbe wie für alle Langhaarrassen.

Merino Meerschweinchen (Schokolade)

Alpaka

Genformel	ll RhRh mm stst SnSn rxrx FzFz ChCh lulu
Herkunft (Gebiet)	England
Name	D: Alpaka, NL: Alpaca, GB: Alpaca
Bekannt seit	1990
MFD BD e.V.	anerkannte Rasse

Das Alpaka Meerschweinchen ist entstanden aus einer Kreuzung von einem Texel und einem Peruaner Meerschweinchen. Aus diesem Grund gelten für ein Alpaka Meerschweinchen die gleichen Bewertungskriterien von Typ und Bau, Fellbeschaffenheit, Platzierung und Form der Rosetten, wie sie bei beiden Rassen (Texel und Peruaner) bereits oben beschrieben worden sind. Für die Farbqualität gelten die gleichen Maßstäbe wie für alle Langhaarrassen.

Alpaka Meerschweinchen (Schokolade-Buff-Weiß)

Lunkarya

Genformel	ll RhRh mm stst SnSn RxRx FzFz ChCh LuLu
Herkunft (Gebiet)	Schweden
Name	D: Lunkarya, NL: Lunkarya, GB: Lunkarya
Bekannt seit	1986
MFD BD e.V.	anerkannte Rasse

Das Lunkarya Meerschweinchen ist eine in Schweden entdeckte Mutation. Es entsteht aus einer Kreuzung eines Peruaner Meerschweinchens und dem Gen der Lunkarya. Das Besondere ist, dass dieses Lockengen sich im Gegensatz zu den anderen dominant verhält. Die Haare sind wellenförmig und sehr harsch. Sie stehen federelastisch und senkrecht vom Körper ab. Jungtiere zeigen zuerst eine sehr lockige und noch nicht so harsche Behaarung. Der erste Haarwechsel zwischen der 2. und 4. Lebenswoche ist recht extrem. Ebenso geht das Muttertier in dieser Zeit durch einen Haarwechsel. Eine sehr dünne Haareinpflanzung ist bei den Jungtieren und bei der Mutter in dieser Phase zu beobachten. Oft ist dies noch bei adulten Tieren der Fall. Ein sehr dünn behaarter Bauch kommt ebenfalls vor. Fell, das bis auf den Boden reicht, darf höchstens 2 cm länger sein und muss geschnitten werden. Die Kopfbehaarung ist kurz und gewellt. Der Backenbart muss, wie bei allen anderen

Lunkarya Meerschweinchen (Slate Blue-Gold-Weiß) mit einer etwas schwachen Schulterbehaarung und kaum Pony und Backenbart

Lunkarya Meerschweinchen (Rot-Weiß)

Lunkarya Meerschweinchen (Schwarz-Rot-Weiß)

Langhaarrassen, vorhanden und so lang wie möglich sein. Dies gilt natürlich ebenso für den Pony. Die Lunkarya Meerschweinchen zeigen, wie bei einem Peruaner Meerschweinchen, ebenfalls zwei Hinterhandrosetten, diese müssen in ihrer Form und Größe die gleichen Bedingungen erfüllen.

Ein Problem der Lunkarya Meerschweinchen ist eine Farbschwäche der Tiere im zunehmenden Alter. Selbst Tiere mit voller Pigmentierung und Farbe im Jungtierstadium können die Fellfarbe im langen Haar kaum halten. Die Pigmentierung an Füßen und Ohren bleibt jedoch. Zusätzlich treten sehr viele weiße Haare in den Farbfeldern parallel dazu auf. Ob dies züchterisch zu verbessern ist oder genbedingt nicht zu ändern, wird die Zukunft zeigen. Die bekannte Form des Lunkarya mit zwei Hüftwirbeln wäre auch als Sheltie- oder Coronet-Variante möglich. Ob eine Krone dabei als Krone erkennbar und bewertbar wäre, bleibt abzuwarten.

Ridgeback

Genformel	LL RhRh MM oder RhRh mm stst SnSn RxRx FzFz ChCh lulu
Herkunft (Gebiet)	Nordamerika
Name	D: Ridgeback, NL: Ridgeback, GB: Ridgeback
Bekannt seit	1928
MFD BD e.V.	nicht anerkannte Rasse

Das Ridgeback Meerschweinchen entspricht von den Anforderungen her dem Glatthaar Meerschweinchen. Der Unterschied ist der entlang der Wirbelsäule laufende Rückenkamm. Er sollte vom Nacken bis zur Hinterhand senkrecht vom Körper abstehen. Je breiter und länger der Kamm ist, je höher ist die Qualität. Unterbrechungen oder Verwirbelungen sind nicht erwünscht. Zusätzliche Wirbel bzw. Rosetten dürfen ebenfalls nicht auftreten. Ein Kopf mit sehr geradem Nasenbein tritt leider immer noch so häufig auf wie sehr schlecht getragene Ohren.
Die Farbe eines Ridgeback Tieres ist, wie auch beim Glatthaar Meerschweinchen, eines der wichtigsten Beurteilungskriterien. Obwohl es diese Meerschweinchen schon sehr lange gibt, sind sie bis heute nicht vom MFD BD e.V. anerkannt.

Curly

Genformel	LL RhRh mm oder rhrh MM stst SnSn RxRx FzFz ChCh LuLu
Herkunft (Gebiet)	Schweden
Name	D: Curly, NL: Curly, GB: Curly
Bekannt seit	1990
MFD BD e.V.	nicht anerkannte Rasse

Das Curly Meerschweinchen ist aus den Lunkarya entstanden. Es besitzt überall kleine Locken/Wellen, die vom Körper abstehen. Da es sich bei den Curly Meerschweinchen um das gleiche Lockengen handelt, wird es logischerweise auch bei ihnen dominant vererbt. Curly Meerschweinchen treten zurzeit in zwei Varianten auf: Die eine Gruppe besitzt zwei Hüftwirbel, die andere zeigt keine Hüftwirbel.

Angora

Genformel	ll RhRh mm stst SnSn RxRx FzFz ChCh lulu
Herkunft (Gebiet)	Deutschland
Name	D: Angora, NL: ???, GB: ???
Bekannt seit	1990
MFD BD e.V.	nicht anerkannte Rasse

Das Angora Meerschweinchen entspricht genetisch dem Peruaner Meerschweinchen. Anstatt der zwei Hüftwirbel besitzt es allerdings meistens die acht Wirbel eines Rosetten Meerschweinchens. Alle anderen Kriterien entsprechen dem der Peruaner. Ausnahme hierbei ist die Flanken- und Rückenbehaarung. Sie ist nicht so anliegend wie beim Peruaner. Bei ihnen ist durch den Körperrosettengürtel die Behaarung abstehender. Gut erkennbare Kämme sind allerdings nicht sichtbar. Außerdem sind die Flanken- und die hinteren Beinrosetten nicht klar erkennbar.

Mohair

Genformel	ll RhRh mm stst SnSn rxrx FzFz ChCh lulu
Herkunft (Gebiet)	Deutschland
Name	D: Mohair, NL: ???, GB: ???
Bekannt seit	1994
MFD BD e.V.	nicht anerkannte Rasse

Das Mohair Meerschweinchen ist aus einer Kombination von Angora und Alpaka Meerschweinchen entstanden. Genetisch entspricht es einem Alpaka Meerschweinchen. Die Tiere vereinen auch alle Merkmale dieser Rassen. Sie besitzen gelegentlich mehr Wirbel. Durch die Lockung sind die einzelnen Wirbel kaum erkennbar. Auch Kämme können sich nicht bilden. Flanken- und hintere Beinrosetten sind nicht klar erkennbar.

Minipli

Genformel	ll RhRh mm oder rhrh MM stst SnSn rxrx FzFz ChCh LuLu
Herkunft (Gebiet)	Deutschland
Name	D: Minipli, NL: ???, GB: ???
Bekannt seit	2006
MFD BD e.V.	nicht anerkannte Rasse

Ein Minipli Meerschweinchen ist eine gezüchtete Kombination aus einem Lunkarya und einem Alpaka Meerschweinchen. Die Merkmale der beiden Rassen werden hierbei beeinflusst. Die Behaarung wird gegenüber einem Lunkarya recht weich. Das stark abstehende Fell der Lunkarya Rasse kommt nicht mehr zum Tragen. Die Lockenbildung ist von einer hervorragenden Locke eines Alpaka Meerschweinchens im adulten Zustand kaum zu unterscheiden. Minipli ohne Hüftwirbel treten zurzeit sehr selten auf. Sie besitzen die gleiche Haarstruktur wie die Minipli mit Hüftwirbel.

Sheba Mini Yak

Genformel	ll RhRh mm stst SnSn RxRx FzFz ChCh lulu
Herkunft (Gebiet)	Australien
Name	D: Sheba Mini Yak, NL: Sheba Mini Yak, GB: Sheba Mini Yak
Bekannt seit	1972
MFD BD e.V.	nicht anerkannte Rasse

Das Sheba Mini Yak Meerschweinchen ist aus einer Kreuzung von Rosetten und Sheltie Meerschweinchen hervorgegangen. Es soll eine etwas härtere Behaarung wie ein Angora Meerschweinchen haben. Ansonsten ähneln sich diese beiden Rassen sehr.

Weitere Rassen

Diese bis hierhin aufgelisteten Rassen sind die bis heute am bekanntesten und verbreitetsten. Kombinationen zum Beispiel von Rex und Crested zu einer Art Schopfrex oder Rex und Rosette zu einer Art Rexrosette (Somali) sind natürlich ebenfalls noch möglich.

Eine neue Rasse hat aber nur dann eine reelle Chance, im Standard des MFD BD e.V. aufgenommen zu werden, wenn sie klare Unterscheidungsmerkmale zu einer bereits anerkannten Rasse aufweist. Sie muss außerdem als Kurzhaarrasse einen Bezug zu den bestehenden Kurzhaarrassen und als Langhaarrasse natürlich einen Bezug zu den bestehenden Langhaarrassen haben. Vermischungen von Eigenschaften dürfen dabei nicht vorkommen. Dies alles geschieht zusätzlich zum Schutz der bereits bestehenden Rassen.

Eine weitere Neuzüchtung sind die Baldwins bzw. die Skinny Meerschweinchen. Diese Tiere besitzen keine nennenswerte Behaarung. Beide Rassengene vererben sich rezessiv. Die Mitglieder des MFD BD e.V. haben auf der JHV 2006 entschieden, die Zucht dieser Rassen auf Vereinsebene zu verbieten.

Farben

Die Farben der Meerschweinchen werden in drei Gruppen unterteilt:

1. Gruppe der wildfarbenen Meerschweinchen
2. Gruppe der einfarbigen Meerschweinchen
3. Gruppe der Zeichnungs-Meerschweinchen

Die angegeben Farbformeln sind jeweils in ihrer Idealkombination genannt.

Wildfarben

Die wildfarbenen Meerschweinchen besitzen zweifarbige Haare mit Deck- und Unterfarbe. Die Bänderung bzw. die Färbung der gesamten Haarspitze erzeugt einen Ticking- oder Tipping-Effekt, der möglichst am ganzen Körper gleichmäßig erscheinen soll. Tiere mit Ticking-Effekt besitzen Haare mit drei Farbzonen. Tiere mit Tipping-Effekt haben Haare mit nur zwei Farbzonen. Ausnahme hierbei sind die Lohfarbigen: Sie besitzen auch einfarbiges normales Fell.

Die wildfarbenen Meerschweinchen werden in fünf verschiedene Varianten eingeteilt. Hierbei unterscheidet man zwischen Agouti, Argente, Solidagouti, Solidargente und Agouti mit Loh-Zeichnung (ältere Bezeichnung: Tan/CC, Lux/cdcd, Otter/cdcr, Fox/crcr).

Bauchseite

Ein Unterscheidungsmerkmal ist der farbige Bauchstreifen des Agouti und Argente. Beim Solidagouti bzw. Solidargente fehlt er. Der Bauchstreifen sollte beim Agouti und Argente möglichst schmal sein und eine klare, scharfe, farbliche Abgrenzung haben. Er fängt zwischen den Vorderbeinen an und darf, wenn das Tier auf seinen vier Füßen steht, von der Seite kaum zu sehen sein. Die einzelnen Haare des Bauchstreifens sind zweifarbig (Unterfarbe und Deckfarbe).

Bei einem Agouti mit Loh-Zeichnung muss der Bauchstreifen viel breiter, also von der Seite gut zu sehen sein und bis auf die Innenseite der Beine verlaufen. Die Haare sind wie bei Agouti und Argente zweifarbig.

Bei Solidagouti und Solidargente ist die Deckfarbe am Bauch minimal heller, zeigt aber auch Haare mit Ticking (Unterfarbe, Deckfarbe und Ticking).

Fußzeichnung

Solidagouti und Solidargente besitzen kein Ticking auf den Füßen. Dieses muss bei Agouti und Argente unbedingt vorhanden sein.

Die Meerschweinchen mit Loh-Zeichung sollen farbliche kleine Felder auf den Füßen besitzen und zusätzlich die sogenannten Zehenflecken.

Die Krallenfarbe muss bei allen Varianten immer der Unterfarbe entsprechen.

Kopf- und Körperzeichnung

Agouti sollen am gesamten Kopf ein schön gleichmäßiges Ticking zeigen. Ein häufig auftretender Fehler sind die farblich auffälligen Augenringe.

Bei den lohfarbigen Meerschweinchen müssen die Nasenlöcher, das Kinn, die Wangenränder und die Augenumrandung in der Deckfarbe abgezeichnet sein. Die Augenringe sollten schön gleichmäßig und geschlossen das Auge umfassen. Augenringe und Nasenzeichnung dürfen nicht ineinander übergehen. Die Fellfärbung am Ohransatz sowie auch die Innenseite der Ohren sollten der Deckfarbe entsprechen. Das Körpertipping bei einem lohfarbigen Meerschweinchen verläuft in einem etwa

2,5 cm breiten gleichmäßigen Streifen über die Brust und den Flanken bis hin zur Hinterhand.
Bei einer Kreuzung von lohfarbigen Tieren mit Solidagouti entsteht eine Verschmelzung der beiden Farben. Die Tiere sehen vom Phänotyp aus wie schlechte Agouti.

Am Kopf von Solidagouti und Solidargente befinden sich sehr viele einfarbige Grannenhaare in der jeweiligen Unterfarbe, die nicht entfernt werden sollten. Solidagouti und Solidargente werden fast einfarbig geboren, bevor sie im Alter von etwa vier bis sechs Wochen mit der Umfärbung beginnen. Solid Meerschweinchen mit heller Deckfarbe zeigen bei der Geburt schon etwas mehr Ticking als die mit dunkler Deckfarbe. Die schmalere Bänderung, die nur im Haarspitzenbereich auftritt, ist der Grund dafür, dass der dunklere Farbanteil bei Solidagouti und Solidargente im Verhältnis zu dem von Agouti und Argente überwiegt. Die Tiere wirken insgesamt dunkler und das Ticking feiner.

Die Argente und Solidargente Wildzeichnung unterscheidet sich nur minimal von der Agouti und der Solidagouti Wildzeichnung. Bei ihnen ist die Haarspitze ebenfalls in der Deckfarbe. Aus diesem Grund spricht man bei ihnen anstatt vom Ticking vom Tipping. Damit diese Wildfärbung entstehen kann, ist das Vorhandensein von roten Augen bzw. echten Feueraugen erforderlich. Dunkeläugige Argente und Solidargente gibt es nicht.

Ansonsten gibt es bei den fünf Farben die gleichen Kombinationen von Unterfarbe und Deckfarbe. Bei der Unterfarbe handelt es sich um die sechs Farben der „Schwarzen Reihe“: Schwarz, Slate Blue, Lilac, Schokolade, Coffee und Beige. Die Deckfarben (Farbbänder) kommen dagegen aus

Glatthaar Loh-Meerschweinchen (Kopfzeichnung)

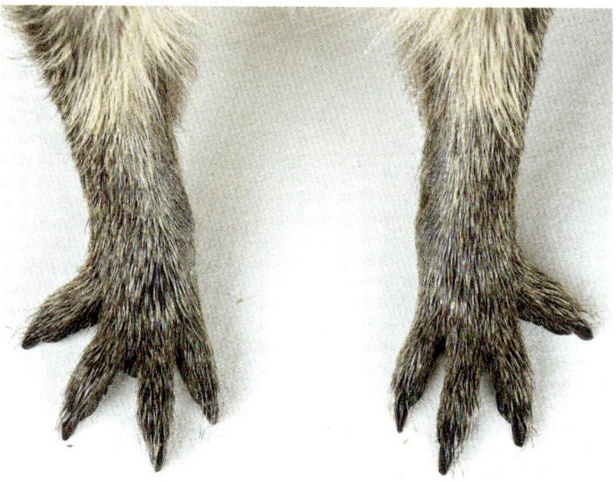

Glatthaar Agouti-Meerschweinchen mit sehr schönem Fußticking

Glatthaar Agouti-Meerschweinchen mit einem fehlerhaften Augenring

Glatthaar Agouti-Meerschweinchen (Bauchseite)

Glatthaar Agouti-Meerschweinchen (Schwarz-Rot-Agouti)

Glatthaar Solidagouti-Meerschweinchen (Bauchseite)

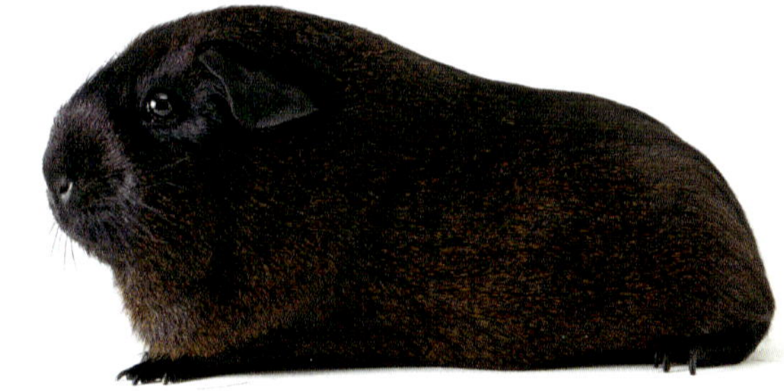

Glatthaar Solidagouti-Meerschweinchen (Schwarz-Rot-Solidagouti)

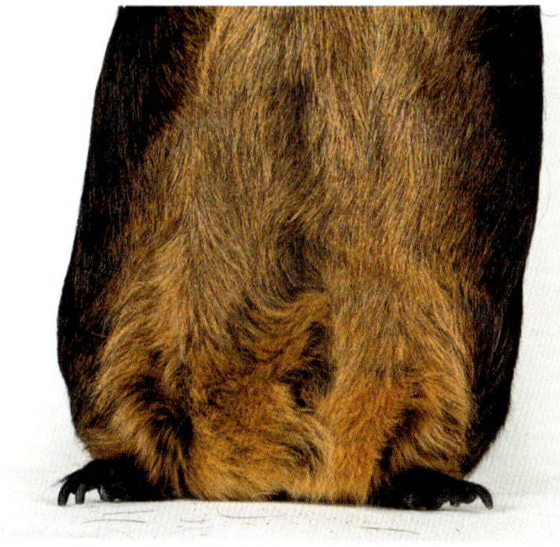

Glatthaar Loh-Meerschweinchen (Bauchseite)

Glatthaar Loh-Meerschweinchen (Schwarz-Rot-Loh)

der „Roten Reihe“. Bei Meerschweinchen mit dunklen Augen sind es die Farben Rot, Buff, Creme und Weiß. Bei rotäugigen Tieren werden sie zu Gold, Safran, Creme und Weiß verdünnt.
Aus diesen Kombinationen von sechs Unterfarben und vier Deckfarben ergeben sich dann 104 mögliche Farbschläge (24 Agouti, 16 Argente, 24 Solidagouti, 16 Solidargente und 24 Lohfarbige). Von diesen 104 Möglichkeiten ist aber nur ein Teil von etwa 20 % häufiger in Zuchten vertreten. Deshalb beschränkt sich die nachfolgende Auflistung auf die bekannteren Kombinationen.

Agouti

Ein Agouti besitzt am ganzen Körper die dreibändige Wildzeichnung. Einzige Ausnahme ist die Bauchseite. An ihr sind die Haare nur zweifach gebändert. Der Bauchstreifen entsteht. Weiße Stichelhaare sollten so gut wie nicht vorkommen.

Schwarz-Rot-Agouti (Goldagouti)

Farbformel	AA BB CC EE PP SS rnrn
Name	Schwarz-Rot-Agouti
Deckfarbe	Kastanienrot/Rot
Unterfarbe	Schwarz
Bauchfarbe	Kastanienrot/Rot
Augenfarbe	Dunkel
Ohrenfarbe	Schwarz
Fußsohlenfarbe	Schwarz
Krallenfarbe	Schwarz

Die Farbe Goldagouti ist ein Schwarz-Rot-Agouti. Sie gilt als die ursprüngliche Wildfarbe. Bei ihr sind fast alle genetischen Faktoren dominant vertreten. Durch langjährige gezielte Zucht ist das Rot zu einem

Glatthaar Agouti-Meerschweinchen (Schwarz-Rot-Agouti)

leuchtenden Kastanienrot, wie bei der Hunderasse „Irish Setter“, verstärkt worden. Während der Wachstumsphase verblasst sie kurzzeitig. Die Unterfarbe muss tiefschwarz sein.

Schwarz-Buff-Agouti (Grauagouti)

Farbformel	AA BB cdcd EE PP SS rnrn
Name	Schwarz-Buff-Agouti
Deckfarbe	Ockergelb/Buff
Unterfarbe	Schwarz
Bauchfarbe	Ockergelb/Buff
Augenfarbe	Dunkel
Ohrenfarbe	Schwarz
Fußsohlenfarbe	Schwarz
Krallenfarbe	Schwarz

Die Farbe Grauagouti ist ein Schwarz-Buff-Agouti. Da die Farben Buff und Creme sehr leicht ineinander übergehen, ist besonders darauf zu achten, dass die Deckfarbe nicht zu hell wird. Diese Farbe ähnelt sehr der Farbe der wild lebenden Meerschweinchen. Gewünscht wird ein dunkler, ockergelber Farbton. Die Unterfarbe muss tiefschwarz sein.

Glatthaar Agouti-Meerschweinchen (Schwarz-Buff-Agouti)

Schwarz-Creme-Agouti (Lemonagouti)

Farbformel	AA BB cdcr EE PP SS rnrn
Name	Schwarz-Creme-Agouti
Deckfarbe	Dünensand/Creme
Unterfarbe	Schwarz
Bauchfarbe	Dünensand/Creme
Augenfarbe	Dunkel
Ohrenfarbe	Schwarz
Fußsohlenfarbe	Schwarz
Krallenfarbe	Schwarz

Die Farbe Lemonagouti ist ein Schwarz-Creme-Agouti. Da die Farben Buff und Creme sehr leicht ineinander übergehen, ist besonders darauf zu achten, dass die Deckfarbe nicht zu dunkel wird. Gewünscht wird ein heller, cremefarbiger Farbton wie Dünensand. Die Unterfarbe muss so dunkel wie möglich sein, idealerweise fast schwarz.

Schwarz-Weiß-Agouti (Silberagouti)

Farbformel	AA BB crcr EE PP SS rnrn
Name	Schwarz-Weiß-Agouti
Deckfarbe	Silbergrau
Unterfarbe	Schwarz
Bauchfarbe	Silbergrau
Augenfarbe	Dunkel mit Glut
Ohrenfarbe	Schwarz
Fußsohlenfarbe	Schwarz
Krallenfarbe	Schwarz

Die Farbe Silberagouti ist ein Schwarz-Weiß-Agouti. Da die Deckfarbe nicht reinweiß sein darf und etwas ins Silbergräuliche tendiert, bekamen die Tiere den

Glatthaar Agouti-Meerschweinchen (Schwarz-Creme-Agouti)

Glatthaar Agouti-Meerschweinchen (Schwarz-Weiß-Agouti)

Namen Silber-Agouti. Auch bei dieser Farbe aus der „Schwarzen Agouti-Reihe" muss die Unterfarbe so dunkel wie möglich sein, idealerweise fast schwarz. Um dies zu erreichen und das Auftreten von hellen Augenringen zu verhindern, setzt man bei der Zucht hin und wieder einfarbig schwarze Tiere ein. Diese müssen aber aus Würfen von Schwarz-Weiß-Agouti stammen. Sollte dies nicht der Fall sein, bekommt man bei einer Verpaarung einen Wurf mit zu hellen Schwarz-Rot-Agouti oder Schwarz-Creme-Agouti.

Schokolade-Gold-Agouti (Orangeagouti)

Farbformel	AA bb CC EE PP SS rnrn
Name	Schokolade-Gold-Agouti
Deckfarbe	Gold
Unterfarbe	Schokolade
Bauchfarbe	Gold
Augenfarbe	Dunkel mit Glut
Ohrenfarbe	Schokolade
Fußsohlenfarbe	Schokolade
Krallenfarbe	Schokolade

Die Farbe Orangeagouti ist ein Schokolade-Gold-Agouti. Bei dieser Farbe wird das Schwarz des Goldagouti so verdünnt, dass hieraus Schokolade wird. Die Unterfarbe soll hierbei so dunkel wie möglich sein. Das Gold ist beim Orangeagouti nicht ganz so dunkel wie beim Goldagouti das Rot, muss aber auch das für diese Farbe typische leuchtende Feuer zeigen. Wie bei der Farbe Schwarz-Rot-Agouti verliert die Farbe im Jugendalter zeitweise ihre Leuchtkraft.

Schokolade-Buff-Agouti (Buffagouti)

Farbformel	AA bb cdcd EE PP SS rnrn
Name	Schokolade-Buff-Agouti
Deckfarbe	Ockergelb/Buff
Unterfarbe	Schokolade
Bauchfarbe	Ockergelb/Buff
Augenfarbe	Dunkel mit Glut
Ohrenfarbe	Schokolade
Fußsohlenfarbe	Schokolade
Krallenfarbe	Schokolade

Die Farbe Buffagouti ist ein Schokolade-Buff-Agouti. Da die Farben Buff und Creme sehr leicht ineinander übergehen, ist besonders darauf zu achten, dass die Deckfarbe nicht zu hell wird. Gewünscht wird ein dunkler, ockergelber Farbton. Die Unterfarbe soll hierbei so dunkel wie möglich sein.

Schokolade-Creme-Agouti (Cremeagouti)

Farbformel	AA bb cdcr EE PP SS rnrn
Name	Schokol.-Creme-Agouti
Deckfarbe	Dünensand/Creme
Unterfarbe	Schokolade
Bauchfarbe	Dünensand/Creme
Augenfarbe	Dunkel mit Glut
Ohrenfarbe	Schokolade
Fußsohlenfarbe	Schokolade
Krallenfarbe	Schokolade

Die Farbe Cremeagouti ist ein Schokolade-Creme-Agouti. Da die Farben Buff und Creme sehr leicht ineinander übergehen, sollte die Deckfarbe nicht zu dunkel sein. Angestrebt wird ein heller, cremefarbiger Farbton wie Dünensand. Die Unterfarbe soll hierbei so dunkel wie möglich sein.

Schokolade-Weiß-Agouti (Cinnamonagouti)

Farbformel	AA bb crcr EE PP SS rnrn
Name	Schokol.-Weiß-Agouti
Deckfarbe	helles Grauweiß
Unterfarbe	helle Schokolade
Bauchfarbe	helles Grauweiß
Augenfarbe	Dunkel mit Glut
Ohrenfarbe	helle Schokolade
Fußsohlenfarbe	helle Schokolade
Krallenfarbe	helle Schokolade

Die Farbe Cinnamonagouti ist ein Schokolade-Weiß-Agouti. Da die Deckfarbe nicht reinweiß ist, sondern ins Grauweiß tendiert und mit dem hellen Schoko zimtfarbig erscheint, bekamen die Tiere den Namen Cinnamonagouti. Auch bei dieser Farbe aus der „Schokoladen-Agouti-Reihe" muss die Unterfarbe Schokolade sein.

Um dies zu erreichen und das schnelle Auftreten von hellen Augenringen zu verhindern, setzt man bei der Zucht hin und wieder einfarbige schokoladenfarbige Tiere mit crcr-Genen ein.

Lilac-Gold-Agouti (Salmagouti)

Farbformel	AA BB CC EE pp SS rnrn
Name	Lilac-Gold-Agouti
Deckfarbe	Lachsrot/Gold
Unterfarbe	Lilac
Bauchfarbe	Lachsrot/Gold
Augenfarbe	Rot
Ohrenfarbe	Fleischfarbig
Fußsohlenfarbe	Fleischfarbig
Krallenfarbe	Hornfarbig

Die Farbe Salmagouti ist ein Lilac-Gold-Agouti. Hierbei wird das Schwarz so weit verdünnt, dass es zu Lilac wird. Durch die pp-Gene werden die dunklen Augen der Tiere rot und die Deckfarbe Rot wird zu Gold. Die Jungtiere werden sehr dunkel geboren und hellen später stark auf. Die Unterfarbe muss Lilac sein. Diese Farbe wurde sehr lange in hoher Qualität gezüchtet. Die Tiere ließen kaum Wünsche offen. Leider ist sie zurzeit so gut wie verschwunden.

Lilac-Weiß-Agouti (Lilacagouti)

Farbformel	AA BB crcr EE pp SS rnrn
Name	Lilac-Weiß-Agouti
Deckfarbe	Weiß
Unterfarbe	Lilac
Bauchfarbe	Weiß
Augenfarbe	Rot
Ohrenfarbe	Fleischfarbig
Fußsohlenfarbe	Fleischfarbig
Krallenfarbe	Hornfarbig

Die Farbe Lilacagouti ist ein Lilac-Weiß-Agouti. Hierbei wirkt das Tier fast wie ein Weiß rote Augen. Nur bei genauerer Betrachtung erkennt man die Lilac-Färbung. Die Unterfarbe muss Lilac sein.

Beige-Gold-Agouti (?)

Diese Agouti-Farbe ist ein Beige-Gold-Agouti. Hierbei wird das Schokolade so weit verdünnt, dass es zu Beige wird.

Durch die pp-Gene werden die dunklen Augen der Tiere rot und die Deckfarbe Rot wird zu Gold. Die Jungtiere werden sehr dunkel geboren und hellen später stark auf. Die Unterfarbe muss Beige sein.

Farbformel	AA bb CC EE pp SS rnrn
Name	Beige-Gold-Agouti
Deckfarbe	Lachsrot/Gold
Unterfarbe	Beige
Bauchfarbe	Lachsrot/Gold
Augenfarbe	Rot
Ohrenfarbe	Fleischfarbig
Fußsohlenfarbe	Fleischfarbig
Krallenfarbe	Hornfarbig

Beige-Weiß-Agouti (Beige-Agouti)

Farbformel	AA bb crcr EE pp SS rnrn
Name	Beige-Weiß-Agouti
Deckfarbe	Weiß
Unterfarbe	Hellbraun
Bauchfarbe	Weiß
Augenfarbe	Rot
Ohrenfarbe	Fleischfarbig
Fußsohlenfarbe	Fleischfarbig
Krallenfarbe	Hornfarbig

Die Farbe Beigeagouti ist ein Beige-Weiß-Agouti. Hierbei wirkt das Tier fast wie ein Weiß rote Augen. Nur bei genauerer Betrachtung erkennt man die Beige-Färbung. Die Unterfarbe muss beige sein.
Die weiteren Kombinationen werden aufgrund ihrer Seltenheit nur kurz mit der gültigen Farbformel beschrieben (siehe Kasten unten).

Argente

Die Argente Wildzeichnung entspricht der Agouti Zeichnung. Die Tiere besitzen entweder rote oder echte Feueraugen. Bei ihnen entfällt die Färbung der Haarspitze, aus diesem Grund wird aus der Bezeichnung Ticking Tipping.
Alle anderen Punkte, die für die Agouti zutreffen, gelten auch für die Argente, also Augenfarbe, Deckfarbe usw.
Ein genetischer Unterschied zum Agouti besteht hierbei nicht.

Beispiel 1:
Lilac-Gold-Agouti (Salmagouti)
AA BB CC EE pp SS rnrn

Name	**Farbformel**
Slate Blue-Gold-Agouti	AA BB CC EE prpr SS rnrn
Slate Blue-Safran-Agouti	AA BB cdcd EE prpr SS rnrn
Slate Blue-Creme-Agouti	AA BB cdcr EE prpr SS rnrn
Slate Blue-Weiß-Agouti	AA BB crcr EE prpr SS rnrn
Coffee-Gold-Agouti	AA bb CC EE prpr SS rnrn
Coffee-Safran-Agouti	AA bb cdcd EE prpr SS rnrn
Coffee-Creme-Agouti	AA bb cdcr EE prpr SS rnrn
Coffee-Weiß-Agouti	AA bb crcr EE prpr SS rnrn
Lilac-Safran-Agouti	AA BB cdcd EE pp SS rnrn
Lilac-Creme-Agouti	AA BB cdcr EE pp SS rnrn
Beige-Safran-Agouti	AA bb cdcd EE pp SS rnrn
Beige-Creme-Agouti	AA bb cdcr EE pp SS rnrn

Lilac-Gold-Argente
AA BB CC EE pp SS rnrn

Beispiel 2:
Lilac-Weiß-Agouti (Lilacagouti)
AA BB crcr EE pp SS rnrn

Lilac-Weiß-Argente
AA BB crcr EE pp SS rnrn

Auf Ausstellungen sind nur sehr wenige dieser Tiere anzutreffen. Zumeist sind es Einzeltiere, die nicht aus einer Linienzucht stammen.

Solidagouti

Ein Solidagouti zeigt ebenfalls am ganzen Körper die Wildzeichnung, auch an der Bauchseite. Ausnahme hierbei sind die Füße. Sie sind einfarbig. Durch die schmalere Bänderung der Haare erscheinen Solidagouti immer dunkler als Agouti. Dies gilt besonders für den Kopfbereich. Hier wird der Eindruck noch durch die einfarbigen Grannenhaare verstärkt. Im Alter nimmt das Ticking auf dem Rücken wieder etwas ab.

Alle anderen Punkte, die für die Agouti zutreffen, gelten auch für die Solidagouti, also Augenfarbe, Deckfarbe usw.
Der genetische Unterschied wird durch arar erzeugt. Dies gilt für alle Kombinationen, die es bei den Agouti gibt.

Sie kamen erst 1996 aus den USA nach Deutschland. Obwohl die Zucht nur etwas für sehr geduldige Züchter ist, haben die Solidagouti ihren Freundeskreis gewonnen.

Beispiel 1:
Schwarz-Rot-Agouti (Goldagouti)
AA BB CC EE PP SS rnrn

Glatthaar Solidagouti-Meerschweinchen (Schwarz-Rot-Solidagouti)

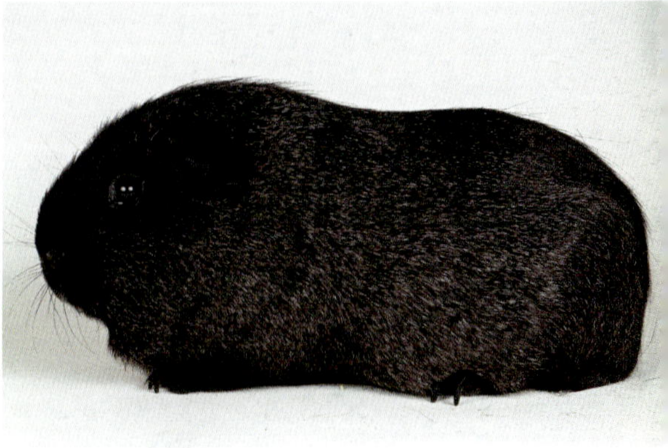

Glatthaar Solidagouti-Meerschweinchen (Schwarz-Weiß-Solidagouti)

Schwarz-Rot-Solidagouti (Solid Goldagouti)
arar BB CC EE PP SS rnrn

Der Austausch der AA- bzw. arar-Gene ist bei allen Varianten möglich.

Solidargente

Die Solidargente Wildzeichnung entspricht der Solidagouti Zeichnung. Die Tiere besitzen entweder rote oder echte Feueraugen. Bei ihnen entfällt die Färbung der Haarspitze, aus diesem Grund wird aus der Bezeichnung Ticking Tipping. Alle anderen Punkte, die für die Solidagouti zutreffen,

gelten auch für die Solidargente, also Augenfarbe, Deckfarbe usw.
Ein genetischer Unterschied zum Solidagouti besteht hierbei nicht.

Beispiel 1:
Lilac-Gold-Solidagouti
arar BB CC EE pp SS rnrn

Lilac-Gold-Solidargente
arar BB CC EE pp SS rnrn

Beispiel 2:
Lilac-Weiß-Solidagouti
arar BB crcr EE pp SS rnrn

Lilac-Weiß-Solidargente
arar BB crcr EE pp SS rnrn

Loh

Die Lohzeichnung ist insgesamt sehr komplex. Sie besteht aus den Ohrflecken, den schmalen Augenringen, der Nasen- und Kinneinfassung, dem breiten Bauchstreifen und der Fußzeichnung mit den Zehenflecken. Ergänzt wird dies noch mit dem Tippingband, das gleichmäßig von der Brust bis zur Hinterhand verlaufen soll. Alle anderen Punkte, die für die Agouti zutreffen, gelten auch für die Loh, also Augenfarbe, Deckfarbe usw.
Der genetische Unterschied wird durch atat erzeugt. Dies gilt für alle Kombinationen, die es bei den Agouti gibt.

Die lohfarbigen Meerschweinchen traten zuerst in der Schweiz auf. Sie wurden bei einer Ausstellung, auf der die Tiere gerichtet wurden, entdeckt. Wie bei den Solidagouti ist die Zucht aufgrund der vielen Kriterien nicht gerade einfach. Dennoch gibt es inzwischen auch hier eine große Fangemeinde. Viele hervorragende Tiere in unterschiedlichen Farbschlägen sind auf den Ausstellungen zu bewundern.

Beispiel 1:
Schwarz-Rot-Agouti (Goldagouti)
AA BB CC EE PP SS rnrn

Schwarz-Rot-Loh (Loh/Black Tan)
atat BB CC EE PP SS rnrn

Der Austausch der AA- bzw. atat-Gene ist bei allen Varianten möglich.

Glatthaar Loh-Meerschweinchen (Schwarz-Rot-Loh)

Glatthaar Loh-Meerschweinchen (Schwarz-Weiß-Loh)

Glatthaar Loh-Meerschweinchen (Schokolade-Weiß-Loh)

Glatthaar Loh-Meerschweinchen (Slate Blue-Gold-Loh)

Glatthaar Loh-Meerschweinchen (Slate Blue-Creme-Loh)

Glatthaar Loh-Meerschweinchen (Slate Blue-Weiß-Loh)

Einfarbig

Die einfarbigen Meerschweinchen werden in zwei Farbreihen eingeteilt. In der einen Gruppe befinden sich alle Farben der „Schwarzen Reihe", die auf jeden Fall das rezessive Genpaar aa besitzen. In der anderen Gruppe befinden sich alle Farben der „Roten Reihe". Da es bei diesen Farben durch das rezessive Genpaar ee zur absoluten Unterdrückung der schwarzen Farbe kommt und solch ein Tier nicht die Möglichkeit besitzt, eine eventuelle Wildfärbung zu zeigen, führen wir in der Farbformel der „Roten Reihe" die A Gene als ?? auf. Sollte bei einer Verpaarung aus je einem Tier einer jeden Reihe ein Meerschweinchen mit Wildfärbung fallen, weiß man, dass dieses dann nur vom Tier aus der „Roten Reihe" stammen kann. Ein Tier aus der „Schwarzen Reihe" kann also nie ein Träger von Wildfarbengenen sein.

„Schwarze Reihe"

- Schwarz
- Schokolade

- Slate Blue
- Coffee
- Lilac
- Beige

„Rote Reihe“

- Rot
- Gold dunkle Augen
- Gold rote Augen
- Buff
- Safran
- Creme dunkle Augen
- Creme rote Augen
- Weiß dunkle Augen
- Weiß rote Augen

Schwarze Reihe

Schwarz

Farbformel	aa BB CC EE PP SS rnrn
Name	Schwarz
Deckfarbe	Schwarz
Unterfarbe	Schwarz
Bauchfarbe	Schwarz
Augenfarbe	Dunkel bis Schwarz
Ohrenfarbe	Schwarz
Fußsohlenfarbe	Schwarz
Krallenfarbe	Schwarz

Bei der Farbe Schwarz ist das AA-Genpaar des Schwarz-Rot-Agouti zu aa mutiert. Hierdurch fehlt das Rot der Deckfarbe und es entsteht ein intensiv schwarzes, stark glänzendes Fell, je nach Lichteinfall mit einem lilafarbigen Schimmereffekt. Die Unterfarbe darf sich kaum sichtbar über die gesamte Haarlänge von der Deckfarbe unterscheiden.

Die Bauchfarbe zeigt, wie bei allen Farben, nicht ganz so viel Glanz wie die Deckfarbe.

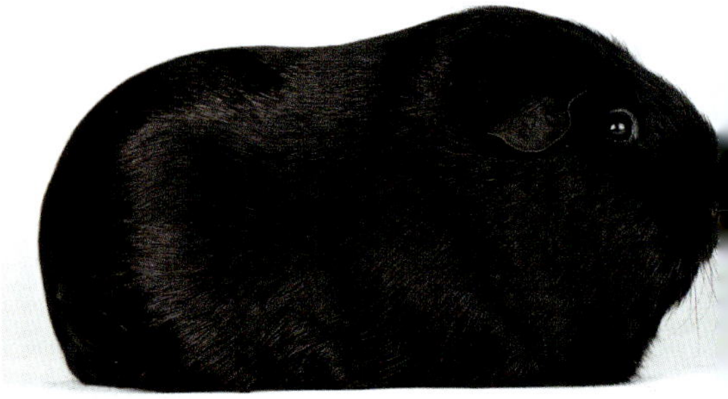

Glatthaar Meerschweinchen (Schwarz)

Aber auch sie muss tiefschwarz sein und darf nicht ins Bräunliche tendieren.

Ein weiteres großes Problem bei der Zucht von schwarzen Meerschweinchen ist das Auftreten von roten und weißen Haaren im Fell (Stichelhaare). Diese findet man meist am Kopf-, Schulter- und Brustbereich sowie an der Afterregion. Da dies auf Ausstellungen als Fehler gilt, hat man besonders darauf zu achten, solche Tiere nicht weiter in der Zucht zu verwenden. Auf Ausstellungen des MFD BD e.V. ist die Farbe in der Rasse Glatthaar oft am meisten vertreten.

Schokolade

Farbformel	aa bb CC EE PP SS rnrn
Name	Schokolade
Deckfarbe	Dunkelbraun
Unterfarbe	Dunkelbraun
Bauchfarbe	Dunkelbraun
Augenfarbe	Dunkel mit Glut
Ohrenfarbe	Dunkelbraun
Fußsohlenfarbe	Dunkelbraun
Krallenfarbe	Dunkelbraun

Glatthaar Meerschweinchen (Schokolade)

Die Farbe Schokolade soll so weit wie möglich im Braunton dem der Bitterschokolade ähneln. Bei ihr verändert sich das dominante BB-Genpaar zum rezessiven bb. Aus der Farbe Schwarz wird Braun.

Eine besondere Schwierigkeit bei der Zucht von Schokoladen Meerschweinchen ist, die Unterfarbe so dunkel wie möglich zu halten. Im Allgemeinen tendieren diese Tiere dazu, in der Unterfarbe so hell zu werden, dass das Fell fleckig erscheinen kann. Leider treten auch bei den Tieren der Farbe Schokolade goldene oder weiße Haare im Fell auf, ähnlich wie beim schwarzen Meerschweinchen. Zusätzlich neigen Schokoladen Meerschweinchen dazu, eine Art Versilberung zu zeigen. Teilweise verschwindet diese auch wieder. Auf Ausstellungen gilt es immer als Fehler. Ansonsten muss auch das schokoladenfarbene Tier einen schönen Eigenglanz besitzen. Die Bauchfarbe ist etwas matter, darf sich aber nicht farblich von der Deckfarbe unterscheiden. Durch eine zu starke Fellpflege in Form von Entfernen der Hautschuppen und losen Haaren schimmert schnell die Unterfarbe etwas durch. Hierdurch wirken die Tiere dann sehr leicht etwas scheckig.

Slate Blue

Farbformel	aa BB CC EE prpr SS rnrn
Name	Slate Blue
Deckfarbe	Blaugrau
Unterfarbe	Blaugrau
Bauchfarbe	Blaugrau
Augenfarbe	Echte Feueraugen
Ohrenfarbe	Dunkelgrau
Fußsohlenfarbe	Dunkelgrau
Krallenfarbe	Dunkelgrau

Die Farbe Slate Blue ist ein verdünntes Schwarz, das durch das Erscheinen der prpr-Gene zu Blaugrau wird. Die Augen sind echte Feueraugen und sollen so dunkel wie möglich sein. Bei den Jungtieren sind sie meist erst noch sehr rot, bevor sie dann später dunkler werden. Die Augenlider, Ohren und Fußsohlen weisen eine graue Pigmentierung auf. Die Fellfarbe erscheint bläulich; sie darf auf keinen Fall einen rosa Schleier besitzen. Die Unterfarbe soll so weit wie möglich der Deckfarbe gleichen. Die Jungtiere werden sehr dunkel geboren und hellen dann im Laufe des Heranwachsens immer mehr auf. Die Deckfarbe darf nicht scheckig sein. Je

Glatthaar Meerschweinchen (Slate Blue)

gleichmäßiger sie ist, umso besser. Die Bauchfarbe ist etwas matter. Andersfarbige Haare im Fell sind unerwünscht.

Coffee

Farbformel	aa bb CC EE prpr SS rnrn
Name	Coffee
Deckfarbe	Bräunlich
Unterfarbe	Bräunlich
Bauchfarbe	Bräunlich
Augenfarbe	Echte Feueraugen
Ohrenfarbe	helleres Braun
Fußsohlenfarbe	helleres Braun
Krallenfarbe	helleres Braun

Die Farbe Coffee ist ein verdünntes Schokolade, das durch das Erscheinen der prpr-Gene zu einem bräunlichen Farbton wird. Die Augen sind echte Feueraugen und diese sollen so dunkel wie möglich sein. Bei den Jungtieren sind sie meist erst noch sehr rot, bevor sie dann später, wie beim Slate Blue, dunkler werden. Die Augenlider, Ohren und Fußsohlen weisen eine helle braune Pigmentierung auf. Die Fellfarbe erscheint bräunlich; sie darf auf keinen Fall einen rosa Schleier besitzen. Dies geschieht durch die bb-Gene recht schnell. Die Unterfarbe soll so weit wie möglich der Deckfarbe gleichen. Die Jungtiere werden dunkel geboren und hellen dann im Laufe des Heranwachsens immer mehr auf. Die Deckfarbe darf nicht scheckig sein. Je gleichmäßiger sie ist, umso besser. Die Bauchfarbe ist etwas matter. Andersfarbige Haare im Fell sind unerwünscht.

Lilac

Farbformel	aa BB CC EE pp SS rnrn
Name	Lilac
Deckfarbe	Rosagrau
Unterfarbe	Rosagrau
Bauchfarbe	Rosagrau
Augenfarbe	Rot
Ohrenfarbe	Fleischfarben
Fußsohlenfarbe	Fleischfarben
Krallenfarbe	Hornfarben

Die Farbe Lilac ist ein verdünntes Schwarz, das durch das Erscheinen der pp-Gene zu Rosagrau wird. Die Augen sind rot. Die Augenlider, Ohren und Fußsohlen dürfen keine graue Pigmentierung aufweisen. Die Fellfarbe erscheint rosagrau; sie darf auf keinen Fall einen blauen Schleier besitzen.

Die Unterfarbe soll so weit wie möglich der Deckfarbe entsprechen. Die Jungtiere sind zunächst vom Fell her sehr dunkel, hellen später dann aber immer mehr auf. Die Bauchfarbe ist etwas matter. Andersfarbige Haare im Fell sind unerwünscht.

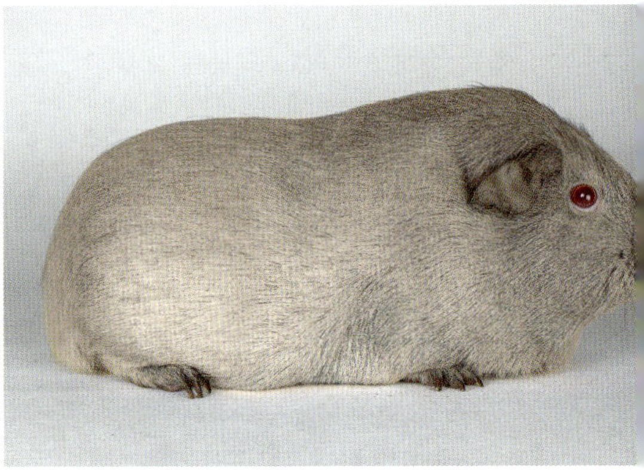

Glatthaar Meerschweinchen (Lilac)

Beige

Farbformel	aa bb CC EE pp SS rnrn
Name	Beige
Deckfarbe	Hellbraun
Unterfarbe	Hellbraun
Bauchfarbe	Hellbraun
Augenfarbe	Rot
Ohrenfarbe	Fleischfarben
Fußsohlenfarbe	Fleischfarben
Krallenfarbe	Hornfarben

Die Farbe Beige ist ein verdünntes Schokolade, das durch das Erscheinen der pp-Gene zu einem hellen Braun wie Milchkaffee wird. Die Augen sind rot und an den Augenlidern, Ohren und Fußsohlen dürfen keine Pigmente vorhanden sein. Wie auch beim schokoladenfarbenen Meerschweinchen ist hier das größte Problem die Gleichmäßigkeit der Fellfarbe. Die Unterfarbe soll so weit wie möglich der Deckfarbe gleichen. Wie bei den Slate Blue und Lilac Meerschweinchen werden die Jungtiere recht dunkel geboren und hellen im Laufe der Zeit immer mehr auf. Die Bauchfarbe ist etwas matter, darf sich aber nicht farblich von der Deckfarbe unterscheiden.

Rote Reihe

Rot

Farbformel	?? BB CC ee PP SS rnrn
Name	Rot
Deckfarbe	Kastanienrot
Unterfarbe	Kastanienrot
Bauchfarbe	Kastanienrot
Augenfarbe	Dunkel bis Schwarz
Ohrenfarbe	Dunkel bis Schwarz
Fußsohlenfarbe	Dunkel bis Schwarz
Krallenfarbe	Dunkel bis Schwarz

Bei der Farbe Rot ist das EE-Genpaar des Schwarz-Rot-Agouti zu ee mutiert. Hierdurch wird Schwarz unterdrückt und es entsteht ein Tier mit einem intensiv rot glänzenden Fell. Die Augenlider, Ohren und Fußsohlen sollten schwarz sein. Die Unterfarbe darf kaum sichtbar von der Deckfarbe abweichen. Das größte Problem ist meist die viel zu helle Deckfarbe, die dann leicht ins Orange tendiert. Ein weiteres Problem der „Roten Reihe" ist, dass die Tiere mit zunehmendem Alter auf dem Rückenfell oder am Kopf einen dunklen Schwarzschleier bekommen, der sich im-

Glatthaar Meerschweinchen (Beige)

Glatthaar Meerschweinchen (Rot)

mer stärker weitervererbt und immer früher sichtbar wird. Da diese Tiere BB besitzen, geschieht dies sehr schnell. Daher empfiehlt es sich, in der Zucht ab und zu auch etwas hellere Rote einzusetzen. Die meist mattere Bauchfarbe sollte farblich der Deckfarbe entsprechen.

Gold dunkle Augen

Farbformel	?? bb CC ee PP SS rnrn
Name	Gold dunkle Augen
Deckfarbe	Goldorange
Unterfarbe	Goldorange
Bauchfarbe	Goldorange
Augenfarbe	Dunkel mit Glut
Ohrenfarbe	Fleischfarben
Fußsohlenfarbe	Fleischfarben
Krallenfarbe	Hornfarben

Die Farbe Gold dunkle Augen entsteht durch das Auftreten der Genpaare bb. Hierdurch hellt sich das Rot etwas auf und wird zu Gold. Die Pigmentierung wird unterdrückt. Die Unterfarbe sollte kaum sichtbar von der Deckfarbe abweichen. Besonders schwierig bei der Zucht von Gold dunkle Augen ist, dass diese Tiere kein Pigment an den Augenlidern, Ohren und Fußsohlen zeigen dürfen. Die Augenfarbe ist dunkel mit etwas Glut. Bei dieser Farbe ist wie beim Rot darauf zu achten, dass der dunkle Fellschleier auf dem Rücken nicht auftritt. Bei ihnen wird aus dem Schwarz- ein Schokoladenschleier. Die Bauchfarbe ist etwas matter, darf sich aber nicht farblich von der Deckfarbe unterscheiden.

Gold rote Augen

Farbformel	?? bb CC ee pp SS rnrn
Name	Gold rote Augen
Deckfarbe	Goldorange
Unterfarbe	Goldorange
Bauchfarbe	Goldorange
Augenfarbe	Rot
Ohrenfarbe	Fleischfarben
Fußsohlenfarbe	Fleischfarben
Krallenfarbe	Hornfarben

Die Farbe Gold rote Augen entsteht durch das Auftreten des Genpaars pp. Hierdurch hellt sich das Rot etwas auf und wird zu einem leuchtenden, glänzenden Dunkelorange. Die Unterfarbe sollte kaum sicht-

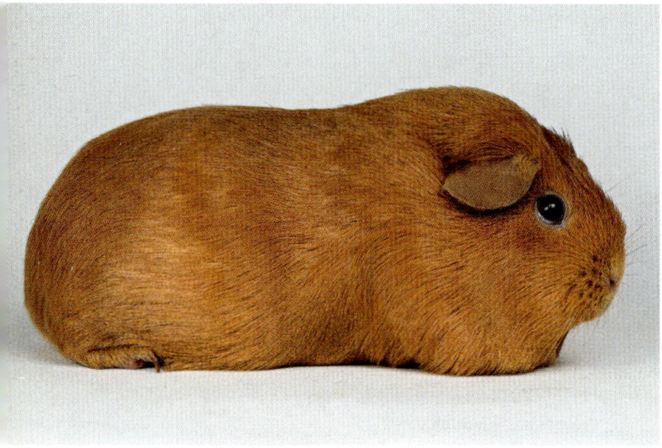

Glatthaar Meerschweinchen (Gold dunkle Augen)

Glatthaar Meerschweinchen (Gold rote Augen)

bar von der Deckfarbe abweichen. Auch bei dieser Farbe dürfen die Tiere kein Pigment an den Augenlidern, Ohren und Fußsohlen zeigen. Die Augenfarbe ist Rot. Bei dieser Farbe tritt wie beim Rot und Gold dunkle Augen der dunkle Fellschleier durch die pp-Gene auf dem Rücken nicht auf. Die meist mattere Bauchfarbe sollte farblich der Deckfarbe entsprechen.

Buff

Farbformel	?? bb cdcd ee PP SS rnrn
Name	Buff
Deckfarbe	Ockergelb
Unterfarbe	Ockergelb
Bauchfarbe	Ockergelb
Augenfarbe	Dunkel mit Glut
Ohrenfarbe	Fleischfarben
Fußsohlenfarbe	Fleischfarben
Krallenfarbe	Hornfarben

Die Farbe Buff erscheint als ein dunkles Ockergelb. Sie gleicht sehr der Farbe von Buchenholz. Bei dieser Farbe darf möglichst kein Unterschied zwischen Deck- und Unterfarbe zu erkennen sein. Auch bei dieser Farbe dürfen die Tiere kein Pigment an den Augenlidern, Ohren und Fußsohlen zeigen. Diese Partien sollten fleischfarben sein. Die Augenfarbe ist dunkel. Die Jungtiere werden recht dunkel geboren, bevor sie später dann aufhellen. Der auch hier gelegentlich auftretende dunkle Schleier auf dem Rücken ist unerwünscht. Die Bauchfarbe darf lediglich etwas matter sein. Leider entsteht aus der Kreuzung von Gold dunkle Auge CC und Weiß dunkle Auge crcr die Kombination Ccr. Die entstehende Farbe ähnelt der Farbe Buff sehr. Es entstehen falsche Buff. Oft verraten sich diese Tiere durch einen leichten roten Schimmer.

Glatthaar Meerschweinchen (Buff)

Fehlerhaftes Restpigment auf dem Ohr sowie auf dem Augenlid

Dieser Fehler führt auf einer Ausstellung zu einer Abwertung.

Safran

Farbformel	?? bb cdcd ee pp SS rnrn
Name	Safran
Deckfarbe	Goldgelb
Unterfarbe	Goldgelb
Bauchfarbe	Goldgelb
Augenfarbe	Rot
Ohrenfarbe	Fleischfarben
Fußsohlenfarbe	Fleischfarben
Krallenfarbe	Hornfarben

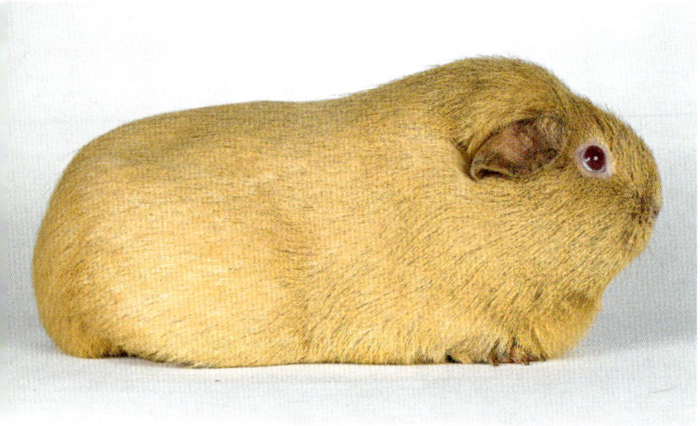

Glatthaar Meerschweinchen (Safran)

Die Farbe Safran zeigt einen intensiven gelben Farbton, der aus der Ableitung von Buff herstammt. Diese Farbe entsteht durch das Auftreten der pp-Gene beim bufffarbenen Tier und die Augenfarbe wird Rot. Je kräftiger die Farbe leuchtet, desto effektvoller wirkt sie. Auch bei dieser Farbe dürfen die Tiere kein Pigment an den Augenlidern, Ohren und Fußsohlen zeigen; sie müssen fleischfarben sein. Bei dieser Farbe tritt durch pp der dunkle Fellschleier der Tiere der „Roten Reihe" auf dem Rücken nicht auf. Die meist mattere Bauchfarbe sollte farblich der Deckfarbe entsprechen. Auch hier besteht die Gefahr, dass dieser Farbschlag anstatt durch cdcd auf dem Ccr-Weg entsteht.

Creme dunkle Augen

Farbformel	?? bb cdca oder cdcr ee PP SS rnrn
Name	Creme dunkle Augen
Deckfarbe	Creme
Unterfarbe	helles Creme
Bauchfarbe	Creme
Augenfarbe	Dunkel mit Glut
Ohrenfarbe	Fleischfarben
Fußsohlenfarbe	Fleischfarben
Krallenfarbe	Hornfarben

Die Farbe Creme dunkle Augen ist eine Mischfarbe und entsteht aus der Kreuzung von Buff und Weiß dunkle Augen. Aus diesem Grund entstehen sehr viele unterschiedliche Farbnuancen. Der gewünschte Farbton ist ein helles sandfarbiges Creme, ähnlich wie Dünensand. Das Wichtigste bei dieser Farbe ist, dass die Unterfarbe Hellcreme ist und nicht ein reines Weiß.

Die Augenfarbe ist dunkel, zeigt aber oft eine bräunlich rote Glut. Auch bei dieser Farbe dürfen die Tiere kein Pigment an den Augenlidern, Ohren und Fußsohlen aufweisen; sie müssen fleischfarben sein.

Es ist besonders darauf zu achten, dass der dunkle Fellschleier der Tiere der „Roten Reihe" auf dem Rücken nicht auftritt. Tiere, bei denen er vorhanden ist, sind aus der Zucht zu nehmen. Die Bauchfarbe ist etwas matter, darf sich aber nicht farblich von der Deckfarbe unterscheiden. Eine Besonderheit der Farbe Creme dunkle Augen ist, dass diese Tiere meist ein etwas längeres Fell bekommen. Wie bei den schokoladenfarbigen Meerschweinchen führt hier auch eine zu starke Fellpflege zu einer scheckigen Deckfarbe.

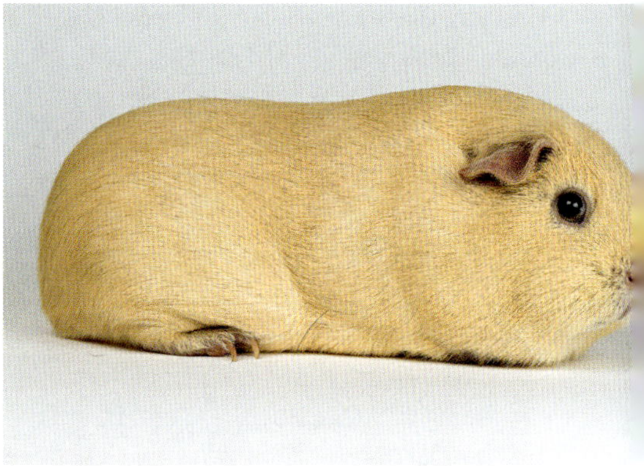

Glatthaar Meerschweinchen (Creme dunkle Augen)

Creme rote Augen

Farbformel	?? bb cdca oder cdcr ee pp SS rnrn
Name	Creme rote Augen
Deckfarbe	Rahmfarbig
Unterfarbe	hell Rahmfarbig
Bauchfarbe	Rahmfarbig
Augenfarbe	Rot
Ohrenfarbe	Fleischfarben
Fußsohlenfarbe	Fleischfarben
Krallenfarbe	Hornfarben

Die Farbe Creme rote Augen ist ebenso eine Mischfarbe wie die Farbe Creme dunkle Augen und entsteht aus der Kreuzung von Safran und Weiß rote Augen (das Weiß rote Augen muss pp besitzen und nicht seine roten Augen von caca haben). Auch hier entstehen aus diesem Grund sehr viele unterschiedliche Farbnuancen. Der gewünschte Farbton ist ein sehr helles Creme, ähnlich einem Vanilleeis. Die Farbe darf aber nicht fast schon wie Weiß aussehen, also zu hell werden. Das Wichtigste bei dieser Farbe ist, dass die Unterfarbe Hellcreme und kein reines Weiß ist. Die Augenfarbe ist Rot. Auch Tiere dieser Farbe dürfen kein Pigment an den Augenlidern, Ohren und Fußsohlen besitzen. Bei dieser Farbe tritt wie beim Rot der dunkle Fellschleier durch die pp-Gene auf dem Rücken nicht auf. Die Bauchfarbe ist etwas matter, darf sich aber farblich nicht von der Deckfarbe unterscheiden. Tiere der Farbe Creme rote Augen bekommen meist ein etwas längeres Fell.

Weiß dunkle Augen

Farbformel	?? bb crcr ee PP SS rnrn
Name	Weiß dunkle Augen
Deckfarbe	Schneeweiß
Unterfarbe	Schneeweiß
Bauchfarbe	Schneeweiß
Augenfarbe	Dunkel mit Glut
Ohrenfarbe	Fleischfarben
Fußsohlenfarbe	Fleischfarben
Krallenfarbe	Hornfarben

Die Farbe Weiß dunkle Augen ist ein schneeweißes Meerschweinchen. Die Tiere besitzen dunkle Augen mit teilweise bläulicher Randfärbung. Besonders schwierig bei der Zucht von Weiß dunkle Augen ist, dass diese Tiere kein Pigment an den Au-

Glatthaar Meerschweinchen (Creme rote Augen)

Glatthaar Meerschweinchen (Weiß dunkle Augen)

genlidern, Ohren und Fußsohlen zeigen dürfen. Sie sollten fleischfarben sein. Falls sie dunkle Pigmentierung zeigen, liegt dies meistens am Vorhandensein von B-Genen. Farbliche Unterschiede zwischen Unter- und Deckfarbe tauchen selbstverständlich nicht auf. Durch die Farbe Weiß erscheint die Felleinpflanzung bei diesen Tieren immer etwas dünner als bei anderen Farben. Der graue Schleier auf der Rückenpartie tritt bei weißen Meerschweinchen eigentlich nicht auf. Wie auch bei der Farbe Creme dunkle Augen und Creme rote Augen tendieren Weiß dunkle Augen dazu, etwas längeres Fell zu bekommen.

Weiß rote Augen

Farbformel	?? bb crcr ee pp SS rnrn/ ?? bb caca ee PP SS rnrn
Name	Weiß rote Augen
Deckfarbe	Schneeweiß
Unterfarbe	Schneeweiß
Bauchfarbe	Schneeweiß
Augenfarbe	Rot
Ohrenfarbe	Fleischfarben
Fußsohlenfarbe	Fleischfarben
Krallenfarbe	Hornfarben

Glatthaar Meerschweinchen (Weiß rote Augen)

Die Farbe Weiß rote Augen ist ein reines Schneeweiß. Die Tiere besitzen hellrote Augen. Die Augenlider, Ohren und Fußsohlen sind fleischfarben und zeigen kein Pigment. Farbliche Unterschiede zwischen Unter- und Deckfarbe tauchen logischerweise nicht auf. Durch die Farbe Weiß erscheint die Felleinpflanzung bei diesen Tieren immer etwas dünner als bei anderen Farben. Der graue Schleier auf der Rückenpartie tritt bei weißen Meerschweinchen wegen der caca- (Himalayagen) oder pp-Gene nicht auf. Auch Weiß rote Augen gehört zu der Gruppe von Tieren, die dazu neigen ein etwas längeres Fell zu bekommen.

Zeichnungen

Die Gruppe der Zeichnungsfarben umfasst eine Vielzahl von Zeichnungen und Scheckungen. Diese treten dann meist auch noch in mehreren Farbvarianten auf. Wie bei den wildfarbigen Meerschweinchen spielt hier die Kombinationsmöglichkeit zwischen der „Schwarzen Reihe“ und der „Roten Reihe“ eine wichtige Rolle. Ein großer Teil der Namensgebung dieser Zeichnungen stammt hierbei aus der Kaninchenzucht. Eine besondere Herausforderung bei der Zucht von solchen Tieren ist es, dem vom Standard geforderten Idealbild so nahe wie möglich zu kommen.

Brindle

Bei der Brindle Zeichnung treten Haare aus der „Schwarzen Reihe“ und Haare aus der „Roten Reihe“ im Verhältnis von 1 : 1 auf. Die beiden Farben müssen sich gleichmäßig über das ganze Fell verteilen und dürfen hierbei keine Flecken oder

Farbplatten bilden. Die beiden Farben müssen die gleichen Anforderungen erfüllen wie bei dem dazugehörigen einfarbigen Tier.

Die Augen-, Ohren-, Fußsohlen- und Krallenfarben müssen ebenfalls zu den Farbbeschreibungen passen. Beim Brindle Meerschweinchen dürfen keine weißen Haare im Fell vorkommen. Diese fallen allerdings bei Tieren mit Weiß-Brindleung natürlich nicht auf. Die Tiere dürfen höchstens 25 % Farbfelder zeigen. Besonders gut kommt diese Zeichnung bei Rosetten zur Wirkung.

Beispiel Brindle Schwarz-Rot

Farbformel	aa BB CC epep PP SS rnrn
Name	Brindle Schwarz-Rot
Deckfarbe	Schwarz und Rot
Unterfarbe	Schwarz und Rot
Bauchfarbe	Schwarz und Rot
Augenfarbe	Dunkel
Ohrenfarbe	Schwarz
Fußsohlenfarbe	Schwarz
Krallenfarbe	Schwarz

Beispiel Brindle Schokolade-Buff

Farbformel	aa bb cdcd epep PP SS rnrn
Name	Brindle Schokolade-Buff
Deckfarbe	Schokolade und Buff
Unterfarbe	Schokolade und Buff
Bauchfarbe	Schokolade und Buff
Augenfarbe	Dunkel mit Glut
Ohrenfarbe	Schokolade/Fleischf.
Fußsohlenfarbe	Schokolade/Fleischf.
Krallenfarbe	Schokolade/Hornf.

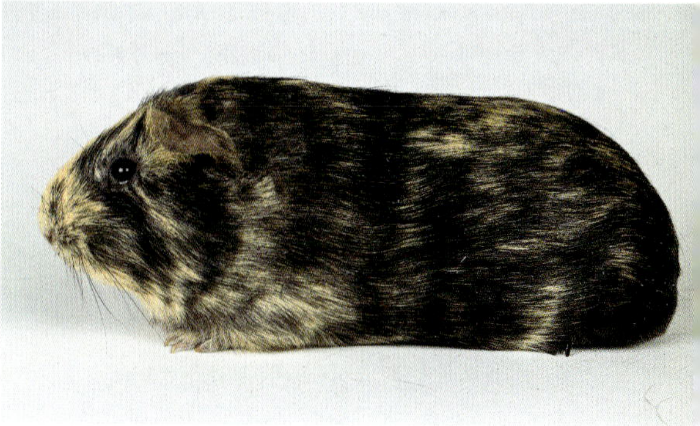

Glatthaar Meerschweinchen (Brindle Schwarz-Creme)

Schildpatt

Beispiel Schildpatt Schwarz-Rot

Farbformel	aa BB CC epep PP SS rnrn
Name	Schildpatt Schwarz-Rot
Deckfarbe	Schwarz und Rot
Unterfarbe	Schwarz und Rot
Bauchfarbe	Schwarz und Rot
Augenfarbe	Dunkel
Ohrenfarbe	Schwarz
Fußsohlenfarbe	Schwarz
Krallenfarbe	Schwarz

Beispiel Schildpatt Schokolade-Buff

Farbformel	aa bb cdcd epep PP SS rnrn
Name	Schildpatt Schokolade-Buff
Deckfarbe	Schokolade und Buff
Unterfarbe	Schokolade und Buff
Bauchfarbe	Schokolade und Buff
Augenfarbe	Dunkel mit Glut
Ohrenfarbe	Schokolade/Fleischf.
Fußsohlenfarbe	Schokolade/Fleischf.
Krallenfarbe	Schokolade/Hornf.

Bei der Farbe Schildpatt treten Farbfelder aus der „Schwarzen Reihe" und der „Roten Reihe" im Verhältnis von 1 : 1 auf. Diese Farbfelder müssen sich schachbrettmusterartig über das ganze Tier verteilen. Drei Farbfelder je Körperseite werden verlangt. Hierbei sollte die trennende Mittellinie von der Nase bis zur Hinterhand verlaufen. Auch die Bauchseite sollte diese Mittellinie zeigen. Die Farbfelder müssen möglichst alle die gleiche Größe besitzen und eine viereckige Form aufweisen. Die Farbabgrenzungen haben scharf gezeichnet zu sein und frei von Brindle.
Beim Schildpatt Meerschweinchen dürfen keine weißen Haare im Fell vorkommen. Die Kombination mit weißen Farbfeldern wird es kaum geben. Dies liegt am Scheckungsfaktor SS. Meerschweinchen mit dem Genpaar SS zeigen ansonsten nämlich volle Farbe. Bei der Kombination von crcr und epep wird zum Beispiel die Farbe Schwarz recht hell bis gräulich. Höchstens 25 % der Tiere dürfen Brindle zeigen.

Holländer

Beispiel Holländer Schwarz-Rot-Agouti

Farbformel	AA BB CC EE PP ss rnrn
Name	Holl. Schw.-Rot-Agouti
Deckfarbe	Kastanienrot und Weiß
Unterfarbe	Schwarz und Weiß
Bauchfarbe	Kastanienrot, Schwarz und Weiß
Augenfarbe	Dunkel
Ohrenfarbe	Schwarz
Fußsohlenfarbe	Schwarz/Fleischfarben
Krallenfarbe	Hornfarben

Beispiel Holländer Schwarz

Farbformel	AA BB CC EE PP ss rnrn
Name	Holländer Schwarz
Deckfarbe	Schwarz und Weiß
Unterfarbe	Schwarz und Weiß
Bauchfarbe	Schwarz und Weiß
Augenfarbe	Dunkel
Ohrenfarbe	Schwarz
Fußsohlenfarbe	Schwarz/Fleischfarben
Krallenfarbe	Hornfarben

Die Farbe Holländer tritt beim Meerschweinchen ebenso auf wie bei den Kaninchen. Charakteristisch für die Holländerzeichnung sind die auf beiden Kopfseiten auftretenden Farbplatten. Diese müssen gleich groß und oval sein. Sie sollten eine schön abgerundete Form aufweisen, die das Ohr noch mit umschließt. Die Tasthaare der Tiere dürfen von den Kopfplatten nicht berührt werden und müssen weiß sein. Ebenso dürfen sie sich auch nicht bis auf die Körperflanken ausdehnen. Durch die Kopfplatten, die sich auf der Stirn des Tieres nur in einem Punkt berühren sollen, entsteht bei den Holländern eine recht harmonische breite Blesse.

In der Körpermitte muss sich die Trennungslinie zwischen dem weißen und dem andersfarbigen Farbteil befinden. Diese Farbgrenze sollte scharf abgegrenzt sein und sich wie ein Gürtel um den Körper des Tieres ziehen. Als schwerer Fehler gilt, wenn sich die Linie zu weit an den Vorderbeinen befindet oder sie nicht gerade verläuft.
Auf den Hinterfüßen zeigen die Holländer Meerschweinchen die sogenannten Manschetten. Hier muss das Fell weiß sein und bis zum Mittelfuß reichen. Mindestens

eine Manschette muss vorhanden sein. Genetisch möglich sind alle Farbkombinationen mit Wild- bzw. Einfarbigen. Auch Brindle und Schildpatt Holländer wären möglich. Die Augen- und Ohrenfarbe muss jeweils den Anforderungen der Deckfarbe entsprechen und zu ihnen passen. Die Fußsohlen- und Krallenfarbe ist fleisch- bzw. hornfarbig. Die Zucht von dieser Zeichnung ist recht schwierig, weil die Anforderungen an die Verteilung und Form der Farbplatten sehr hoch ist. Sie ist auch nur bei den Glatthaar Meerschweinchen anerkannt. Bei allen anderen Rassen gibt es nur die Kombination mit Weiß.

Glatthaar Meerschweinchen (Holländer Schokolade)

Glatthaar Meerschweinchen (Holländer Gold dunkle Augen)

Himalaya

Beispiel Himalaya Schwarz

Farbformel	aa BB caca EE PP SS rnrn
Name	Himalaya Schwarz
Deckfarbe	Weiß und Schwarz
Unterfarbe	Weiß und Schwarz
Bauchfarbe	Weiß
Augenfarbe	Rot
Ohrenfarbe	Schwarz
Fußsohlenfarbe	Schwarz
Krallenfarbe	Schwarz

Beispiel Himalaya Schokolade

Farbformel	aa bb caca EE PP SS rnrn
Name	Himalaya Schokolade
Deckfarbe	Weiß und Schokolade
Unterfarbe	Weiß und Schokolade
Bauchfarbe	Weiß
Augenfarbe	Rot
Ohrenfarbe	Dunkelbraun
Fußsohlenfarbe	Dunkelbraun
Krallenfarbe	Dunkelbraun

Die Farbe Himalaya tritt beim Meerschweinchen ebenso auf wie bei den Kaninchen. Hier heißt sie Russe oder Kalifornia. In den 1930er-Jahren wurde diese Zeichnung als Brandnase im Deutschen Meerschweinchenstandard aufgeführt.

Das Besondere an der Himalayazeichnung ist der farbliche runde Point auf dem Nasenrücken der Tiere. Der Point beginnt auf Augenhöhe, berührt diese jedoch nicht und sollte bis zum Kinn reichen. Die Maske muss sich scharf vom weißen Fell abgren-

zen und darf keine weißen Haare, Flecken oder Brindleungen zeigen.
Farblich passend zur Maske müssen alle vier Füße die gleiche Fellfärbung aufweisen. Diese sollte sich so hoch wie möglich bis aufs Bein ausbreiten.
Es hat sich herausgestellt, dass die Färbung der Points immer intensiver wird, je kühler die Tiere gehalten werden. Die Grundfarbe der Himalaya muss ein strahlendes Weiß sein. Die Augenfarbe ist Rot. Das Augenlid darf kein Pigment zeigen. Die Ohren-, Fußsohlen- und Krallenfarbe muss der dazugehörigen Maskenfarbe entsprechen. Bei den Himalaya werden die Jungtiere ganz weiß geboren, bevor sie sich etwa ab dem 3. Lebenstag beginnen umzufärben. Der Färbungsprozess dauert ungefähr bis zum 8. Lebensmonat an. Erst dann ist auch wirklich die Qualität der Zeichnung klar zu beurteilen.
Gelegentlich treten bei der Himalayazucht Tiere auf, die im zunehmenden Alter dazu neigen, auf dem Rücken einen grauen oder bräunlichen Schleier zu bekommen. Dieser Fehler sollte auf Ausstellungen bei dieser Farbe nicht zu schwer bestraft werden. Genetisch handelt es sich halt um ein Tier der „Schwarzen Reihe“. Deshalb kommen Himalaya in Verbindung mit allen Farben dieser Reihe vor. Am häufigsten trifft man aber Tiere mit schwarzen oder schokoladenfarbenden Masken an. Die anderen Farben lassen nur eine sehr schwache Abzeichnung erkennen bzw. erahnen.
Ein Fehler, der bei der Himalayazeichnung nicht auftreten darf, ist das Fehlen einer Abzeichnung. Dies deutet oft auf den Scheckungsfaktor ss hin. Diese Tiere sind in der Zucht nicht zu verwenden.

Dalmatiner

Beispiel Dalmatiner Schwarz-Rot-Agouti

Farbformel	AA BB CC EE PP SS Rnrn
Name	Dalmatiner Schwarz-Rot-Agouti
Deckfarbe	Kastanienrot und Weiß
Unterfarbe	Schwarz und Weiß
Bauchfarbe	Kastanienrot, Schwarz und Weiß
Augenfarbe	Dunkel mit Glut
Ohrenfarbe	Schwarz
Fußsohlenfarbe	Schwarz
Krallenfarbe	Schwarz

Glatthaar Meerschweinchen (Himalaya Schwarz)

Nasenmaske bei einem Glatthaar Meerschweinchen (Himalaya Schwarz)

Beispiel Dalmatiner Schwarz

Farbformel	aa BB CC EE PP SS Rnrn
Name	Dalmatiner Schwarz
Deckfarbe	Schwarz und Weiß
Unterfarbe	Schwarz und Weiß
Bauchfarbe	Schwarz und Weiß
Augenfarbe	Dunkel mit Glut
Ohrenfarbe	Schwarz
Fußsohlenfarbe	Schwarz
Krallenfarbe	Schwarz

Die Farbe Dalmatiner entsteht durch den Roan-Faktor. Dieses Gen bewirkt bereits in rezessiver Form, dass ansonsten farbige Tiere mit Ausnahme von Kopf und Füßen am ganzen Körper weiße Haare bekommen. Das Gen lässt allerdings farbige Flecken im Fell zu, sodass die Dalmatinerzeichnung entsteht.
In manchen Ländern müssen die Dalmatiner Meerschweinchen eine Blesse zeigen, in anderen nicht. Wenn sie eine Blesse zeigen sollen, hat diese gerade zu verlaufen und darf nicht zu schmal bzw. unterbrochen sein. Der MFD BD e.V. verlangt bei Dalmatinern eine Blesse.

Die für die Dalmatiner so typischen Punkte müssen rund sein, sich scharf abgrenzen und über den Körper gleichmäßig verteilen. Als Fehler gilt, wenn sich mehrere Punkte berühren und so ein Farbfeld entsteht. Dies geschieht recht schnell im Bereich der Hinterhand. Die Bauchseite hingegen zeigt oft etwas wenig Punkte. Genetisch bedingt zeigen Agouti/Argente/Loh Dalmatiner am Bauch kaum richtige Punkte. Oft sind nur minimale Schatten zu erahnen.
Am Kopf ist es unerwünscht, wenn die Tiere eine Schimmelfärbung zeigen. Die Augen-, Ohren-, Fußsohlen- und Krallenfarbe entspricht der Vorgabe durch die jeweilige Farbkombination. Eine weiße Zehe ist erlaubt.
Farbige Meerschweinchen ohne Dalmatinerzeichnung, die aus solchen Zuchten stammen, werden oft Tiere hervorbringen, die weiße Stichelhaare zeigen.
Da beim Auftreten des Roan-Faktors in dominanter Form Tot- und Missgeburten (Letale) vorkommen, verpaart man immer ein Dalmatiner mit einem farbigen Tier. Die Reinzucht ist als Qualzucht in Deutschland nach dem Tierschutzgesetz verboten. Sie bringt auch keine Vorteile, im Gegenteil. Bei einer Verpaarung von Dalmatiner (Rnrn)

Bauchzeichnung eines Glatthaar Meerschweinchens (Dalmatiner Schwarz)

Glatthaar Meerschweinchen (Dalmatiner Schwarz)

x Dalmatiner (Rnrn), fallen 25 % nicht Dalmatiner (rnrn), 50 % Dalmatiner (Rnrn) und 25 % Letale (RnRn/nicht lebensfähig). Bei einer Verpaarung von Dalmatiner (Rnrn) x nicht Dalmatiner (rnrn), fallen 50 % nicht Dalmatiner und 50 % Dalmatiner.

Schimmel

Beispiel Schimmel Schwarz

Farbformel	aa BB CC EE PP SS Rnrn
Name	Schimmel Schwarz
Deckfarbe	Schwarz und Weiß
Unterfarbe	Schwarz und Weiß
Bauchfarbe	Schwarz und Weiß
Augenfarbe	Dunkel mit Glut
Ohrenfarbe	Schwarz
Fußsohlenfarbe	Schwarz
Krallenfarbe	Schwarz

Beispiel Schimmel Schwarz-Rot

Farbformel	aa BB CC epep PP SS Rnrn
Name	Schimmel Schwarz-Rot
Deckfarbe	Schwarz, Rot und Weiß
Unterfarbe	Schwarz, Rot und Weiß
Bauchfarbe	Schwarz, Rot und Weiß
Augenfarbe	Dunkel mit Glut
Ohrenfarbe	Schwarz
Fußsohlenfarbe	Schwarz
Krallenfarbe	Schwarz

Die Farbe Schimmel entsteht auf die gleiche Art wie die Dalmatinerzeichnung. Die weißen Haare müssen überall am Körper gleichmäßig verteilt sein. Ausnahme sind Kopf und Füße. Schimmel dürfen keine Blesse zeigen.

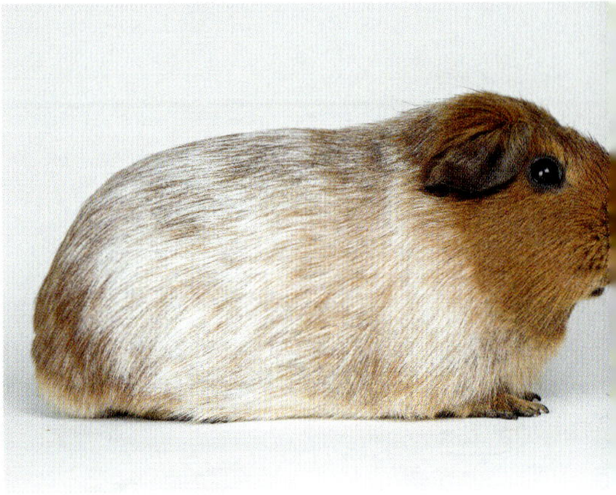

Glatthaar Meerschweinchen (Schimmel Rot)

In der Körperzeichnung dürfen keine weißen Flecken vorkommen. Als weiterer Fehler gilt, wenn sich ein Farbfeld, zumeist auf der Hinterhand, bildet. Die Bauchseite hingegen zeigt oft etwas weniger Schimmelung.

Genetisch bedingt zeigen Agouti/Argente/Loh Schimmel am Bauch keine richtige Einfärbung. Oft ist nur eine minimale Schattierung zu erahnen. Schimmel können theoretisch in jeder Färbung auftreten. Die Augen-, Ohren-, Fußsohlen- und Krallenfarbe entspricht der Vorgabe durch die jeweilige Farbkombination. Eine weiße Zehe ist erlaubt.

Farbige Meerschweinchen ohne Schimmelzeichnung, die aus solchen Zuchten stammen, werden oft Tiere hervorbringen, die weiße Stichelhaare zeigen.

Da beim Auftreten des Roan-Faktors in dominanter Form Tot- und Missgeburten (Letale) vorkommen, verpaart man immer ein Schimmel mit einem farbigen Tier. Die Reinzucht ist als Qualzucht in Deutschland wie bei Dalmatiner ebenfalls verboten.

Glatthaar Meerschweinchen (Dapple)

Dapple

Farbformel	aa bb CC EE PP SS rnrn (wdwd?)
Name	Dapple
Deckfarbe	Braun und Weiß
Unterfarbe	Braun und Weiß
Bauchfarbe	Braun und Weiß
Augenfarbe	Dunkel mit Glut
Ohrenfarbe	Braun (scheckig)
Fußsohlenfarbe	Braun
Krallenfarbe	Braun

Die Farbe Dapple ist noch sehr neu im Standard des MFD BD e.V. und entsteht nur, wenn gleichzeitig bb und CC anwesend sind. Am Körper zeigen die Tiere schokoladenbraune und weiße Haare im Verhältnis 1 : 1. Zusätzlich zeigen diese Tiere eine ähnliche Masken- und Fußzeichnung wie ein Himalaya. Die Farbfelder sind hierbei allerdings nicht so klar und scharf abgegrenzt. Die Zeichnung ist allerdings ebenfalls kälteabhängig. Genetisch entsteht diese Zeichnung nicht durch eine Versilberung. Daher sollte nicht das Genkürzel si verwendet werden. Eventuell ist es das wdwd Gen.

California

Beispiel California Rot

Farbformel	?? ?? CC ?? PP SS rnrn
Name	California Rot
Deckfarbe	Rot und Weiß
Unterfarbe	Rot und Weiß
Bauchfarbe	Rot
Augenfarbe	Dunkel
Ohrenfarbe	Schwarz
Fußsohlenfarbe	Schwarz
Krallenfarbe	Schwarz

Beispiel California Weiß

Farbformel	?? ?? crcr ?? PP SS rnrn
Name	California Weiß
Deckfarbe	Weiß und Schwarz
Unterfarbe	Weiß und Schwarz
Bauchfarbe	Weiß
Augenfarbe	Dunkel
Ohrenfarbe	Schwarz
Fußsohlenfarbe	Schwarz
Krallenfarbe	Schwarz

Die California-Zeichnung entspricht in einigen Punkten der Himalaya-Zeichnung. Sie kam erst vor Kurzem nach Europa bzw. Deutschland. Das Besondere an ihr ist, dass sie nicht durch caca entsteht. Somit haben die Tiere die Chance, auf C die Farben der „Roten Reihe“ zu zeigen.

Zusätzlich zeigen die Tiere dunkle statt rote Augen. Inwieweit sie dazu neigen, wie auch die Himalaya einen Schleier zu entwickeln, ist abzuwarten.

Glatthaar Meerschweinchen (California Weiß)

Zweifarbig (Farbe mit Weiß)

Beispiel Schwarz-Weiß

Farbformel	aa BB CC EE PP ss rnrn
Name	Schwarz-Weiß
Deckfarbe	Schwarz und Weiß
Unterfarbe	Schwarz und Weiß
Bauchfarbe	Schwarz und Weiß
Augenfarbe	Dunkel
Ohrenfarbe	Schwarz o. Fleischfarb.
Fußsohlenfarbe	Schwarz o. Fleischfarb.
Krallenfarbe	Schwarz o. Hornfarben

Beispiel Rot-Weiß

Farbformel	?? BB CC ee PP ss rnrn
Name	Rot-Weiß
Deckfarbe	Rot und Weiß
Unterfarbe	Rot und Weiß
Bauchfarbe	Rot und Weiß
Augenfarbe	Dunkel
Ohrenfarbe	Schwarz o. Fleischfarb.
Fußsohlenfarbe	Schwarz o. Fleischfarb.
Krallenfarbe	Schwarz o. Hornfarben

Die Zeichnung der Zweifarbigen setzt sich aus einer Kombination mit einer Wildfarbe, Farbe oder Zeichnungsvariante plus Weiß zusammen. Die Farbfelder sollen wie beim Schildpatt im Verhältnis von 1 : 1 auftreten. Diese Farbfelder müssen sich schachbrettmusterartig über das ganze Tier verteilen. Hierbei sollte die trennende Mittellinie von der Nase bis zur Hinterhand verlaufen. Auch die Bauchseite hat diese Mittellinie zu zeigen. Drei Farbfelder je Körperseite werden verlangt. Dies soll den Schwierigkeitsgrad auf etwa den gleichen Level wie bei den dreifarbigen Tieren bringen. Im EE-Standard sind schon zwei Farbfelder je Körperseite ausreichend.
Die Farbfelder müssen möglichst alle die gleiche Größe besitzen und eine viereckige Form aufweisen. Sie dürfen nicht kleiner als eine Zwei-Euro-Münze sein. Bei Langhaartieren gilt die Farbfeldgröße im Haaransatz. Oft sieht man, dass Tiere mit einer fast Holländer-Zeichnung als „ideal" showverteilt zum Kauf angeboten werden. Dies ist falsch. Eine Schachbrettzeichnung liegt in der Bewertung und der Qualität immer höher. Zusätzlich haben die Farbabgrenzungen und die Felder scharf gezeichnet zu sein und frei von weißen Stichelhaaren. Farbfelder an der Bauchseite mit vielen Stichelhaaren werden oft als „Mehlbäuche" bezeichnet.

Glatthaar Meerschweinchen (Schwarz-Weiß)

Glatthaar Meerschweinchen (Rot-Weiß)

Glatthaar Meerschweinchen (Buff-Weiß)

Dreifarbig

Beispiel Schwarz-Rot-Weiß

Farbformel	aa BB CC epep PP ss rnrn
Name	Schwarz-Rot-Weiß
Deckfarbe	Schwarz, Rot und Weiß
Unterfarbe	Schwarz, Rot und Weiß
Bauchfarbe	Schwarz, Rot und Weiß
Augenfarbe	Dunkel
Ohrenfarbe	Schwarz o. Fleischfarb.
Fußsohlenfarbe	Schwarz o. Fleischfarb.
Krallenfarbe	Schwarz o. Hornfarben

Beispiel Schokolade-Buff-Weiß

Farbformel	aa bb cdcd epep PP ss rnrn
Name	Schokolade-Buff-Weiß
Deckfarbe	Dunkelbr., Buff u. Weiß
Unterfarbe	Dunkelbr., Buff u. Weiß
Bauchfarbe	Dunkelbr., Buff u. Weiß
Augenfarbe	Dunkel mit Glut
Ohrenfarbe	Schwarz o. Fleischfarb.
Fußsohlenfarbe	Schwarz o. Fleischfarb.
Krallenfarbe	Schwarz o. Hornfarben

Bei der Zeichnung Dreifarbig sollen zwei Farben, je eine aus der „Schwarzen Reihe“ bzw. „Roten Reihe“ mit Weiß im Verhältnis 1/3 : 1/3 : 1/3 kombiniert werden. Diese Farbfelder müssen sich schachbrettmusterartig über das Tier verteilen. Hierbei sollte die trennende Mittellinie von der Nase bis zur Hinterhand verlaufen. Auch die Bauchseite sollte diese Mittellinie zeigen. Die Farbfelder müssen möglichst alle die gleiche Größe besitzen und eine viereckige Form aufweisen. Auf beiden Körperseiten müssen alle drei Farben jeweils einmal vorkommen. Sie dürfen nicht kleiner als eine Zwei-Euro-Münze sein. Die Farbabgrenzungen haben scharf gezeichnet zu sein. Brindle ist hierbei nicht gewünscht, höchstens 25 % werden akzeptiert. Die Augen-, Ohren-, Fußsohlen- und Krallenfarbe muss immer zu den dort auftretenden Farbfeldern passen. Durch den Verdünnungsfaktor von der Farbe Schwarz auf die Farbe Schokolade wird bei diesen Tieren entsprechend auch die Farbe Gold etwas heller. Dies gilt natürlich besonders bei den weiteren Verdünnungen. Weiße Haare dürfen in den Farbfeldern ebenfalls nicht auftreten. Die Farbkombination Schwarz-Rot-Weiß wird oft auch als Schildpatt mit Weiß benannt.

Glatthaar Meerschweinchen (Schokolade-Buff-Weiß)

Glatthaar Meerschweinchen (Schwarz-Rot-Weiß)

Glatthaar Meerschweinchen (Slate Blue-Gold-Weiß)

Glatthaar Meerschweinchen (Schokolade-Gold-Weiß)

Glatthaar Meerschweinchen (Beige-Gold-Weiß)

Das Schachbrett bei einem Glatthaar Meerschweinchen (Schokolade-Gold-Weiß)

Die Bauchseite mit Schachbrettmuster von einem Glatthaar Meerschweinchen (Schwarz-Rot-Weiß)

Die Bauchseite mit schönen Mittellinien von zwei Glatthaar Meerschweinchen (Schwarz-Rot-Weiß)

Glatthaar Meerschweinchen mit einem Schwarzschleier auf der Nasenblesse

Ansonsten gelten für die Tiere die gleichen Bedingungen und Voraussetzungen wie für die Schildpatt Meerschweinchen.

Marder

Farbformel	aa bb crca EE PP SS rnrn
Name	Schokoladen Marder
Deckfarbe	Dunkelbraun
Unterfarbe	Dunkelbraun
Bauchfarbe	Dunkelbraun
Augenfarbe	Dunkel mit Glut
Ohrenfarbe	sehr Dunkelbraun
Fußsohlenfarbe	sehr Dunkelbraun
Krallenfarbe	sehr Dunkelbraun

Die Marder-Zeichnung entsteht durch die Genkombination Weiß cr mit dem Himalayagen ca. Die Tiere werden einfarbig geboren und bekommen erst nach ein paar Tagen die übliche Maske und Fußzeichnung, analog zu einem Himalaya. Hierbei ist die Zeichnung allerdings kaum von der normalen Farbe zu unterscheiden. Eine scharfe Abgrenzung der Felder ist nicht möglich. Oft zeigen diese Tiere viele weiße Haare. Die Farbe ist beim MFD BD e.V. nicht anerkannt.

Weitere Farben und Zeichnungen

Einige zusätzliche Wildfärbungen, Farben bzw. Zeichnungen treten ebenfalls gelegentlich noch auf. Einige hiervon werden in geringer Anzahl gezüchtet.
Teilweise finden sie in Standards Berücksichtigung, teilweise aber auch nicht. Hierunter fallen Japaner, Magpie, Harlequin, Quardi Foglio usw. Meistens sind diese Farben oft nur vom Phänotyp vorhanden, aber im Genotyp nicht zu festigen.
Ob es noch zusätzliche Wildfärbungen, Farben und Zeichnungen gibt, wie zum Beispiel bei den Kaninchen Hotot, Separator, Salander, Schwarzgrannen oder Deilenaar, bleibt hierbei zu beobachten.

Der Standard und das Ausstellungswesen

Wie bei vielen anderen Tierarten wie Pferden, Hunden, Katzen, Kaninchen oder Vögeln gibt es auch für die Zucht von Rassemeerschweinchen einen Standard als Richtlinie. Dieser Rassestandard soll allen Züchtern eine Hilfestellung sein, die ihre Tiere nach einheitlichen Kriterien wie Rasse und Farbe so züchten wollen, dass man diese auf einer renommierten Vereinsausstellung bewerten lassen kann. Ich beziehe mich auf den Standard des MFD BD e.V., dem Dachverband der Deutschen Meerschweinchensparte in der EE.

In einem solchen Standard werden nicht nur allerhand Schönheitsaspekte und Beurteilungskriterien aufgeführt, sondern ebenso die Punkte Gesundheit, Pflegezustand und Kondition berücksichtigt, die dem Allgemeinwohl der Tiere dienen. Ein Standard soll verhindern, dass Tiere gezüchtet werden, die unter natürlichen Bedingungen nicht lebensfähig wären oder die mit genetischen und körperlichen Behinderungen belastet sind (Qualzucht).

Die meisten europäischen Meerschweinchen-Vereine, -Gruppen und -Clubs, die einem übergeordneten Dachverband unterstehen, besitzen einen eigenen Rassestandard. Die Inhalte dieser Standards tendieren von recht streng und eng gefassten Regeln über Rassen und Farben bis hin zu solchen, die jegliche Rassen und Farben anerkennen. Da ich, wie im Vorwort bereits erwähnt, den Standard des MFD BD e.V. für den in Deutschland am sinnvollsten gewachsenen und geführten halte, richte und beziehe ich mich auf diesen. Denn nur ein konsequent geführter Rassestandard bewirkt, dass Tiere gezüchtet werden, die in ihren Linien rein und qualitativ hochwertig sind. Bei Standards, in denen diese Bedingungen nicht gelten, werden immer wieder Tiere entstehen, die einen Züchter in seiner Arbeit nicht weiterbringen oder dessen Mühen sogar vernichten.

Ausstellungstiere müssen perfekt gepflegt sein.

Ausstellungsvorbereitung

Die Körperpflege ist eines der wichtigsten Kriterien, um Meerschweinchen gesund und vital zu halten und um sie auf einer Ausstellung präsentieren zu können. Denn nur Tiere, die einen gesunden und gepflegten Eindruck hinterlassen, haben eine Chance auf eine gute Bewertung.

Körperpflege

Unter den Begriff der Körperpflege fallen sehr viele verschiedene Bereiche, die hier im Folgenden näher erläutert werden.

Gebiss

Beim Gebiss des Meerschweinchens ist besonders darauf zu achten, dass die Schneide- und Backenzähne nicht zu lang werden. Eine Brückenbildung der Backenzähne ist meist nicht mehr zu beheben. Zu lang gewachsene Schneidezähne kann ein Tierarzt sehr leicht kürzen. Zusätzlich sollte immer darauf geachtet werden, dass die Schneidezähne ganz eng und gerade zusammenstehen. Eine Zahnfehlstellung vererbt sich sehr leicht weiter. Auch die hierdurch auftretenden Ablagerungen von Futterresten in den entstehenden Lücken sind nicht erwünscht. Sie führen sehr schnell zu einer Entzündung.

Mundwinkel

Die Mundwinkel der Meerschweinchen neigen dazu zu verschmutzen. Dies kann einerseits beginnender Lippengrind sein, der auf einen Mangel an Vitamin A und C zurückzuführen sein kann. Diese Mangelerscheinung tritt heute aber kaum mehr auf. Anderseits kann dies auch auf eine Überempfindlichkeit auf Säuren oder Pestiziden hindeuten, mit denen die Tiere beim Fressen von Äpfeln, Apfelsinen usw. in Kontakt geraten. In beiden Fällen sollte man die Verschmutzungen beseitigen und die Lippenränder mit einer allgemeinen üblichen Heilsalbe einreiben.

Nase

Im Regelfall sind Nase und Nasenlöcher der Meerschweinchen trocken und sauber. Falls diese aber einmal verunreinigt sind, kann man sie sehr gut mit einem Wattestäbchen reinigen. Wenn Heu oder Einstreu sehr staubig sind, werden die Nasenlöcher schnell schmutzig.

Ohren

Auch die Ohren eines Meerschweinchens sind nicht gefeit vor Verunreinigungen. Um das Einnisten von Parasiten und Entzündungen zu vermeiden, hat ein verantwortungsvoller Züchter von Zeit zu Zeit die Ohren seiner Tiere zu säubern. Am besten hat sich hierbei die Benutzung von einem Wattestäbchen mit etwas Babyöl bewährt.

Krallen

Bei den Krallen der Meerschweinchen (vorne vier, hinten drei) hat ein Züchter stets darauf zu achten, dass sie nicht zu lang werden. Krallen, die so lang sind, dass sie sich zur Seite wegdrehen, geraten beim Laufen unter die Füße und rufen bösartige Ballenentzündungen hervor. Aus diesem Grund werden sie immer so kurz geschnitten, dass sie eben und gerade mit der Lauffläche stehen. Ebenfalls entfernen muss man die an den Füßen der älteren Tieren auftretenden Verhornungen.
Züchtet man Meerschweinchen mit hellen, durchsichtigen Krallen, sieht man sehr gut, bis wohin der durchblutete Teil der Kralle reicht und wie weit geschnitten werden darf. Ist man aber Züchter von Tieren mit dunklen Krallen, gehört etwas Übung dazu, die richtige Schnittlänge zu finden. Sollte es trotz aller Vorsicht doch einmal passieren, dass eine Kralle zu bluten be-

ginnt, stillt man dies Blutung am besten mit einem Stück unparfümierter Seife oder mit einem im Handel erhältlichen Sprühpflaster. Kleine Verletzungen hören schnell von allein wieder auf zu bluten.

Genitalien

Ganz besonders wichtig bei der Körperpflege und dem Schutz der Meerschweinchen vor bösen Entzündungen ist die Reinigung der Genitalien.
Hierbei benötigen die Weibchen weitaus weniger Aufwand als die Männchen. Bei Weibchen reicht es meist schon aus, die Genitalien mit einem feuchten Tuch zu reinigen. Bei den Männchen ist darauf zu achten, dass die Hodentasche sauber und frei von Verunreinigungen ist. Dazu reicht es meist aus, den Schmutz mit einem Wattestäbchen und etwas Babyöl zu entfernen. Nur bei ganz hartnäckigen Fällen sollte die Hodentasche mit warmem Wasser so lange aufgeweicht werden, bis die Verschmutzung leicht beseitigt werden kann.
Häufig verklebt im zunehmenden Alter der Zuchtmännchen die Afterdrüse. Diese sollte am besten vorsichtig mit etwas warmem Wasser und einer unparfümierten Seife gesäubert werden.

Fellpflege

Die Art der Fellpflege unterscheidet sich von Rasse zu Rasse. Aus diesem Grund habe ich die Rassen in Gruppen zusammengefasst, die in etwa die gleiche Haarstruktur besitzen und deswegen den gleichen Aufwand benötigen.

Glatthaar und Crested

Zur Fellpflege eines Glatthaar oder Crested Meerschweinchens benötigt ein geübter Züchter nicht so viel Zeit wie für ein Langhaartier. Im Normalfall reicht es aus, das Fell regelmäßig mit einer Bürste von Staub und losen Haaren zu befreien. Sollte das Fell stärker verschmutzt sein, ist es sinnvoll, das Tier mit lauwarmem Wasser und einem unparfümierten milden Shampoo zu baden. Vor einer Ausstellung ist dies sogar erforderlich, um seine Tiere so sauber wie möglich zu präsentieren. Als Badezusatz verwenden viele Züchter im Handel erhältliche Mittel zur Vorbeugung von Haarlingen oder Parasiten. Nach dem Baden sollte man die Tiere aber immer gut abtrocknen und vor Zugluft schützen, um Erkältungen zu vermeiden. Um dem Fell zu ermöglichen, seine ursprüngliche Spannkraft zurückzubekommen, badet man die Tiere ein bis zwei Wochen vor einer Show und nicht erst am letzten Tag.
Weiterhin gehört zur Ausstellungsvorbereitung das sogenannte Konditionieren, das Entfernen aller losen Grannenhaare. Dies sind die Haare, die beim Aufrichten des Fells zwischen zwei Fingern gut 1 bis 1,5 cm über die Länge des richtigen Fells hinaus gewachsen sind. Zum Entfernen dieser Grannenhaare werden Zeigefinger und Daumen benutzt. Der Zeigefinger wird hierbei unter die Haare des Tieres geschoben und der Daumen reibt dann die losen Grannenhaare mit einer leichten Aufwärtsbewegung heraus. Diese Technik lässt man sich am besten einmal von einem erfahrenen Züchter zeigen und erprobt sie vorher öfter, bevor es dann auf eine Ausstellung gehen soll.
Um das Fell für eine Show so dicht wie möglich erscheinen zu lassen, kann man zwei bis drei Wochen vor einer Ausstellung die Tiere schon einmal vorkonditionieren. Dieses Konditionieren entspricht in etwa dem Ausbürsten der Haare bei einem Hund oder Pferd. Es beugt der Schuppenbildung (alte Hautpartikel) auf der Haut der Tiere vor und sollte nicht nur zur Ausstellungsvorbereitung dienen.

Um das Fell kurz vor einer Show schön sauber zu halten, ist es ratsam, bei hellen Tieren das Verfüttern von Gras, Möhren, Rote Bete, rote und orange Paprika durch Chicorée, Fenchel, Möhrengrün, Salat, Schlangengurke usw. zu ersetzen. Hiermit werden Fellverfärbungen in der Mundpartie oder an den Vorderbeinen, die beim Putzen entstehen, vermieden. Ganz sollte man auf farbige Salzlecksteine verzichten. Die hierdurch entstehenden Fellverfärbungen sind nicht mehr aus dem Fell zu bekommen und müssen langsam herauswachsen bzw. geschnitten werden. Ein Meerschweinchen benötigt sowieso keinen Salzleckstein. Er ist für die Tiere sogar schädlich.
Noch ein Aspekt ist der häufige Austausch von verunreinigter Einstreu, egal welche verwendet wird. Es dürfte jedem Züchter klar sein, dass er weniger Fellpflege betreiben muss, je öfter er die Boxen der Tiere sorgfältig reinigt. Hierdurch werden besonders die gelbliche Bauchfellverfärbung bei weißen und die bräunliche bei schwarzen Tieren vermieden.

Rosetten

Was das Füttern von färbendem Frischfutter bzw. Salzlecksteinen und das Austauschen der Einstreu angeht, trifft alles auf die Rosetten genauso zu wie bei den Glatthaar oder Crested.
Im Gegensatz zu den Glatthaar oder Crested müssen Rosetten aber viel früher gebadet werden, nämlich mindestens drei bis vier Wochen vor einer Show. Ansonsten sind die Haare zum Zeitpunkt der Ausstellung noch sehr weich.
Um bei einer Rosette die zu langen Grannenhaare zu entfernen, kämmt man am besten die Haare mit einer Zahnbürste vom Rosettenmittelpunkt zur Kammspitze. Die nun länger herausstehenden Grannenhaare können gut entfernt werden. Der größte Teil dieser Haare wird aber in den Kämmen belassen. So steigert man die Harschheit der Kämme und hebt diese noch deutlicher hervor.
Damit die Haarkämme einer Rosette nach dem Bad wieder aufrecht stehen bleiben und ihre Harschheit zurückbekommen, benutzen einige Züchter eine Eiweißlösung, mit der sie das Fell der Tiere behandeln. Hierbei neigt das Haar allerdings auch schnell zum Verkleben und ist daher absolut nicht zu empfehlen. Im Gegenteil: Verschmutzungen bleiben im Fell schneller hängen, Pelzmilben finden sich besonders wohl und das will man ja nicht.

Rex und Teddy

Die Fellpflege der Rex und Teddy Meerschweinchen entspricht in etwa dem der Glatthaar oder Crested. Gebadet werden müssen die Rexe aber bereits zwei bis drei Wochen vor einer Ausstellung. Dies ist notwendig, um dem Fell genügend Zeit zu geben, seine Harschheit zurückzugewinnen. Bei den Teddys reicht es aus, wenn sie eine Woche vor der Show gebadet werden.
Besonders wichtig bei Rex und Teddy Meerschweinchen ist die häufige Kontrolle des Fells auf Haarlinge und Parasiten. Denn diese finden im sehr dichten Unterfell der beiden Rassen den richtigen Nährboden und sind hier etwas schwerer zu entdecken.
Um bei einem Rex oder Teddy die Haarstruktur des Fells nicht zu zerstören, werden die Haare mit einem feingliedrigen Kamm oder einer Bürste von unten nach oben durchzogen. Hierbei entfernt man schon einen Großteil der Grannenhaare aus dem Fell. Ansonsten wendet man die gleiche Technik an, wie sie beim Konditionieren der Glatthaar oder Crested benutzt wird. Zum Schluss werden die Haare noch einmal aufgekämmt und alle restlichen

herausstehenden Grannenhaare entfernt. Sehr gute Rex oder Teddy Meerschweinchen sollten nun ein absolut gleichmäßig langes, abstehendes Fell zeigen.
Auch bei diesen Rassen ist es ratsam, die Tiere etwa drei bis vier Wochen vor einer Ausstellung schon einmal vorzukonditionieren. Somit ist das Fell am Tag der Show noch dichter.

Sheltie, Coronet und Peruaner

Die Pflege von Sheltie, Coronet und Peruaner beschäftigt den Züchter bei einem Ausstellungstier täglich. Hingegen besitzen Tiere, die zur Zucht eingesetzt werden, im Normalfall recht kurz geschnittenes Fell. Sie werden nur bei Bedarf ausgekämmt, um lästige Verschmutzungen durch Heu und Einstreu oder Verknotungen der Haare zu beseitigen. Damit Zuchtböcke sich nicht den Penis abschnüren, hält man die Haare um den Genitalbereich kurz.
Was das Baden der Tiere angeht, gelten die gleichen Ausführungen wie für die Kurzhaarrassen. Auch beim Füttern von färbendem Frischfutter und dem Austausch der Einstreu sind die gleichen Voraussetzungen zu beachten.
Eine Besonderheit ist die Kapillarwirkung der langen Haare. Wie in einem Strohhalm zieht die Verschmutzung durch Urin hoch ins Fell. Nur sehr häufiges Auswechseln der Einstreu kann dem vorbeugen.
Im Gegensatz zu den Meerschweinchen, die sich in der Zucht befinden, benötigen Ausstellungstiere einen wesentlich höheren Pflegeaufwand.
In Deutschland werden die Sheltie, Coronet und Peruaner nicht mehr gewickelt, wie es früher üblich war. Seit 1999 dürfen sie nur noch geschnitten auf Ausstellungen präsentiert werden. Die Felllänge sollte bei ihnen etwa bodenlang plus 2 cm betragen. Um die Kunst des richtigen Schneidens zu beherrschen, sollte ein guter Züchter öfter bei Nicht-Showtieren üben bzw. sich dieses vorher einmal von einem bereits erfahrenen Züchter zeigen lassen. Denn je genauer und gleichmäßiger die Haarlänge ist, desto besser wird die Bewertung ausfallen. Schlecht geschnittenes Fell drückt ein Prädikat nur überflüssigerweise nach unten.
Der starke Vorteil des geschnittenen Fells liegt oft in der viel besseren Haardichte dieser Tiere. Dies kommt daher, dass bei gewickelten Tieren ein Großteil der Haare beim Durchkämmen des sehr langen Fells verloren geht. Ein weiterer Vorteil liegt in dem geringeren Aufwand der Pflege der Tiere als bei der mit Wickeltechnik. Dies führte dazu, dass allmählich die Langhaarrassen wieder häufiger und in mehreren Farben auf Ausstellungen anzutreffen sind. Da die Tiere in Deutschland nicht mehr entwickelt werden müssen, werden sie auch nicht mehr auf dem „Präsentiertablett“ gezeigt.

Sollte es bei allen Bemühungen dennoch einmal vorkommen, dass einige Haare verfilzen oder verknoten, hat es sich bewährt, die Haare vorsichtig mit einer Nadel oder einer feinen Entfilzungsbürste wieder zu entflechten. Ein Herausschneiden der Haarpartie würde dem Meerschweinchen die Ausstellungsteilnahme für längerer Zeit verwehren.

Texel, Merino und Alpaka

Auch die Pflege von Texel, Merino und Alpaka Meerschweinchen als Vorbereitung für eine Ausstellung ist für den Züchter eine sehr aufwändige Arbeit. Zur Zucht eingesetzte Tiere werden im Normalfall mit bodenlang kurz geschnittenem Fell gehalten. Die Haare werden öfter verlesen und nicht gekämmt, um lästige Verschmutzungen durch Heu und Einstreu oder Verknotungen zu beseitigen. Damit sich, wie bei

allen Langhaartieren, die Zuchtböcke nicht den Penis abschnüren, hält man auch hier die Haare um den Genitalbereich kurz.
Was das Baden der Tiere angeht, gelten fast die gleichen Vorgaben wie für die Kurzhaarrassen. Nur werden die Tiere mit Locken schon zwei Wochen vor einer Show gewaschen, um den Haaren zu ermöglichen, ihre elastische Fülle zurückzubekommen. Um diesen Effekt zu verstärken, ist es ratsam, dass Fell kurz vor einer Ausstellung mit feuchten Fingern behutsam durchzukneten. Um Fellverfärbungen zu vermeiden, müssen auch bei diesen Rassen die gleichen Bedingungen berücksichtigt werden wie für die anderen Meerschweinchenrassen.
Im Gegensatz zu den Tieren, die sich in der Zucht befinden, benötigen Ausstellungstiere einen höheren Pflegeaufwand. Die Texel, Merino und Alpaka Meerschweinchen werden in Deutschland nicht gekämmt und gewickelt, benötigen aber auch eine tägliche Fellpflege. Ein erfahrener Züchter durchsucht hierzu das Fell auf jede Art von Verschmutzungen. Diese entfernt er dann so vorsichtig wie möglich, um die Locken nicht zu zerstören. Sollte aus irgendeinem Grund doch einmal ein Filzknoten entstanden sein, wird dieser mithilfe einer Nadel wieder gelöst.
Die Texel, Merino und Alpaka Meerschweinchen werden in Deutschland ebenfalls geschnitten. Alle Gesichtspunkte, die für die drei Langhaarrassen mit glattem Fell zutreffen, gelten auch für sie.

Besonders wichtig bei Texel, Merino und Alpaka Meerschweinchen ist die häufige Kontrolle des Fells auf Haarlinge und Parasiten. Denn diese können das Fell so stark beschädigen, dass es sehr lange dauert, bis das Tier wieder eine dichte, showtaugliche Lockenpracht entwickelt hat. Auch Gegenstände und Spalten, an denen das Fell der Tiere hängen bleiben kann, sollten im Gehege nicht vorhanden sein.

Vorbereitung mit einem Drehzinkenkamm

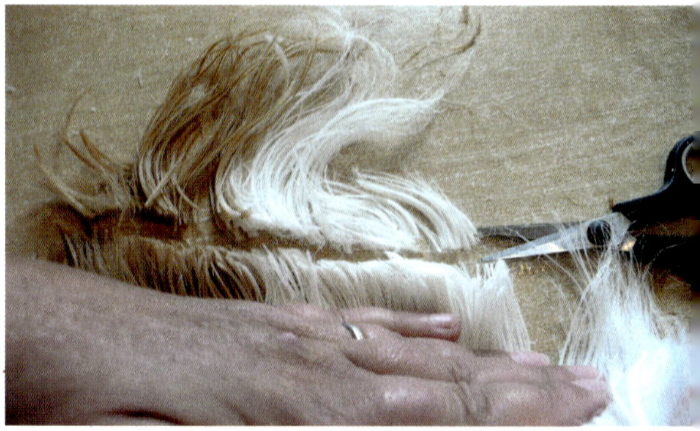

Schnitt bei Langhaartieren

Lunkarya

Die Fellpflege eines Lunkarya unterscheidet sich von derjenigen der anderen Langhaarrassen erheblich. Dies liegt an der

Fellbeschaffenheit bzw. den Eigenschaften, die es zeigen soll.
Die Behaarung hat harsch und fest zu sein. Zu weiche und seidige Haare gelten als Fehler. Aus diesem Grund müssen auch die Lunkarya mindestens vier bis sechs Wochen vor einer Ausstellung gebadet werden. Die Haare brauchen einfach ihre Zeit, um wieder natürlich zu erscheinen. Auch bei ihnen werden die Zuchttiere kürzer in der Behaarung gehalten. Die Haare werden öfter verlesen und nicht gekämmt, um lästige Verschmutzungen durch Heu und Einstreu oder Verknotungen zu beseitigen. Damit sich, wie bei allen Langhaartieren, die Zuchtböcke nicht den Penis abschnüren, hält man auch hier die Haare um den Genitalbereich kurz.

Reinigen der Transportboxen

Nicht nur die Pflege der Tiere gehört zur Showvorbereitung, sondern auch die Reinigung der Transportboxen. Denn oft passiert es, dass perfekt gepflegte Tiere aufgrund nicht vorbereiteter Transportboxen schmutzig und mit Pelzmilben beim Preisrichter auf dem Tisch sitzen. In diesem Fall wurden die Tiere in eine Transportbox gesetzt, die lange in einer Ecke

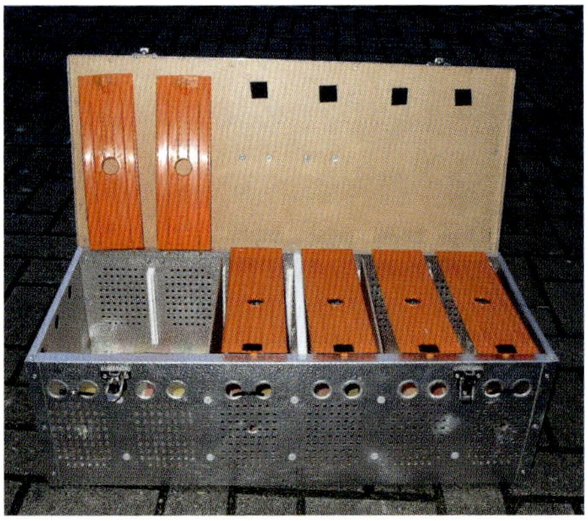

Transportbox in Aluminiumbauweise (ein Doppelabteil für ein Tier)

stand und nicht ungezieferfrei bzw. sauber gewesen ist. Deshalb gehört es einfach dazu, die Boxen vor und nach einer Show komplett zu reinigen, zu desinfizieren und mit frischem Einstreu, welches nicht staubt, neu zu bestücken.

Beim Transport der Tiere ist besonders im Sommer darauf zu achten, dass die Boxen nicht zu warm werden können. Meerschweinchen überhitzen schnell und das kann sehr gefährlich für die Tiere werden. Autos mit Klimaanlagen sind stets zu bevorzugen. Dies ist mit ein Grund, warum in den heißen Sommermonaten keine Ausstellungen stattfinden.

Das Zubehör

Trinkflaschen

Mit zur profimäßigen Vorarbeit gehört das Befüllen der Trinkflaschen noch zu Hause und nicht erst in der Ausstellungshalle. So entsteht einfach weniger Stress beim Einrichten der Käfige vor Ausstellungsbeginn. Zusätzlich sollten Gummiringe oder Kabelbinder mitgebracht werden. Egal wie die Ausstellungskäfige im Detail beschaffen sind, mit diesen Hilfsmitteln bekommt man jede Trinkflasche einfach und gut befestigt. Es ist auch nie von Nachteil, ein oder zwei Reservetrinkflaschen mitzuführen.

Fressnäpfe

Als Fressnäpfe haben sich sehr gut die handelsüblichen Plastikshownäpfe bewehrt. Diese sind leichter zu transportieren als Näpfe aus Keramik oder Ton und gehen nicht so schnell kaputt. Zusätzlich haben sie den Vorteil, dass sie an den Gitterstäben befestigt werden können.

Trockenfutter

Gewohntes Trockenfutter sollte in genügender Menge mitgeführt werden. Am besten eignet sich hierfür ein verschließbarer Eimer oder eine größere Dose mit Deckel.

Frischfutter

Wie beim Trockenfutter sollte auch am Frischfutter nicht gespart werden. Dabei sollte man nur berücksichtigen, dass vor der Richtung kein Futter verwendet wird, was stark färbend ist. Jeder kann sich ausmalen, wie zum Beispiel ein weißes Tier aussieht, wenn es Rote Bete gefressen hat. Denn jede Show ist eine Kombination aus Zuchtvergleich und Schönheitskonkurrenz.

Notfallbesteck

Es kann immer mal wieder vorkommen, dass man beim Einkäfigen noch etwas an seinem Tier entdeckt, was man gern beheben möchte. Deshalb ist es ratsam, ein Notfallbesteck dabei zu haben. Hierzu gehören zum Beispiel Krallenschere oder Nagelknipser, Kamm, Bürste, Ohrpflaster, Tücher, Wattestäbchen usw. Auch das Mitführen einiger Sachen aus seiner Stallapotheke kann nicht falsch sein.

Ummeldezettel

Um nicht unnötig Zeit beim Einkäfigen mit der Ummeldung seiner Ersatztiere zu verschwenden, ist es am einfachsten, die neuen Daten der Ersatztiere auf einen Zettel aufzuschreiben. Diesen kann man der Ausstellungsleitung geben. Dann kann man sicher sein, dass alles seinen richtigen Weg geht.

Anmeldung

Jeder Züchter sollte sich am Jahresanfang Gedanken machen und eine Planung aufstellen, an welchen Shows er mit seinen Tieren teilnehmen will. Hierbei ist zu berücksichtigen, dass die Shows für die Tiere

Auch auf einer Ausstellung muss den Tieren ständig ausreichend Heu zur Verfügung stehen.

zeitlich nicht zu dicht hintereinander liegen, welche Kosten auf einen zukommen und ob es in die Zeitplanung von Familie, Job und Urlaub passt.

Die Meerschweinchen werden zu einer Ausstellung in der Regel über den EVM (Eventmanager/Internet) angemeldet. Die Anmeldung per Anmeldebogen wird ebenfalls noch durchgeführt. Die erforderlichen Angaben in beiden Systemen sind die gleichen. Hierzu gehören das Alter des Tieres, das Geschlecht, die Rasse, die Farbe, der Name des Tieres, der Zuchtstallname und manchmal die Zugehörigkeit zu einer Kollektion.
Beim Alter wird unterschieden, ob das Ausstellungstier jung (0 bis 12 Monate) oder alt (über 12 Monate) ist. Ein Mindestalter gibt es nicht. Die Meerschweinchen müssen mindestens 500 g Lebendgewicht erreicht haben. Bei der Rassen- oder Farbbezeichnung werden die genormten Begriffe aus dem Standard eingetragen. Die Augenfarbe ergibt sich automatisch aus der Farbbenennung. Der eigene Zuchtstallname wird bei den Tieren verwendet, die man selbst gezüchtet hat. Zugekaufte Tiere behalten ihren alten Zuchtstallnamen.

Damit die Meerschweinchen auf einer Ausstellung identifiziert werden können, bekommen sie ein Ohrpflaster mit ihrer Käfignummer. Entweder werden diese Pflaster von der Ausstellungsleitung erstellt und vor einer Show verteilt oder man darf sie nach Angabe selbst erstellen. Bei dem Pflaster handelt es sich um stark klebendes handelsübliches Hautpflaster. Nach Ausstellungsreglement des MFD BD e.V. ist es Pflicht, diese Kennzeichnung auf das linke Ohr des Tieres zu kleben. Eigentlich ist diese Anweisung recht eindeutig. Wie wir Menschen besitzt ein Meerschweinchen ebenfalls auch nur ein linkes Ohr. Leider trifft man immer wieder bei Ausstellungen auf Tiere, die das Ohrpflaster rechts tragen. Dies erweckt schnell den Eindruck, dass der Besitzer auf diesem Ohr etwas verstecken wollte. Ich glaube nicht, dass ein Aussteller dies möchte.
Für Aussteller, die eine größere Anzahl von Tieren für eine Show gemeldet haben, ist es immer von Vorteil, die Ohrpflaster selbst herzustellen und noch zu Hause in aller Ruhe auf das Ohr des Meerschweinchens zu kleben. Dies erspart eine Menge Zeit beim Einkäfigen und ist immer auch für einen selbst viel entspannter.

Dem prüfenden Blick des Richters entgeht nichts.

Die Klasseneinteilung

Je nach Ausstellung bzw. je nach Veranstalter werden die Meerschweinchen in verschiedene Klassen eingeteilt. Einige von ihnen sind vorgeschriebene Klassen nach Ausstellungsreglement. Ein paar werden als Zusatzklassen verwendet, um einen weiteren Anreiz sowie eine größere Verteilung von mehr Siegern zu ermöglichen. Im Folgenden werden die gängigsten Titel und Zuchtklassen vorgestellt und erläutert.

Best in Show

Der Titel Best in Show ist der begehrteste und am höchsten platzierte Preis auf einer Ausstellung. Hierbei werden die besten drei Meerschweinchen aus allen Tieren einer Show ermittelt. Die Vorgehensweise ist dabei im MFD BD e.V. immer die gleiche.
Die besten Meerschweinchen einer jeden Rasse (die Sieger der einzelnen Hauptklassen) werden auf dem sogenannten Endtisch dem Preisrichtergremium vorgestellt. Voraussetzung ist, dass alle Tiere das gleiche Prädikat haben. In 99 % der Fälle ist es ein HV (Hervorragend). Als Nächstes wird dann unter den anwesenden Meerschweinchen das beste Tier der Ausstellung ermittelt. Wenn dies geschehen ist und Platz 1 vergeben wurde, rutscht das zweitbeste Meerschweinchen aus der Hauptklasse, aus dem das Siegertier stammt, auf dem Endtisch nach. Durch

Runde 1 für Platz 1 Best in Show

1 Platz Glatt-haar	1 Platz Crested	1 Platz Rosette	1 Platz Rex	1 Platz US-Teddy	1 Platz CH-Teddy	1 Platz Sheltie	1 Platz Coronet	1 Platz Peruaner	1 Platz Texel	1 Platz Merino	1 Platz Alpaka	1 Platz Lunkarya

1 Platz Best in Show	1 Platz Glatthaar

Runde 2 für Platz 2 Best in Show

2 Platz Glatt-haar	1 Platz Crested	1 Platz Rosette	1 Platz Rex	1 Platz US-Teddy	1 Platz CH-Teddy	1 Platz Sheltie	1 Platz Coronet	1 Platz Peruaner	1 Platz Texel	1 Platz Merino	1 Platz Alpaka	1 Platz Lunkarya

2 Platz Best in Show	2 Platz Texel

Runde 3 für Platz 3 Best in Show

2 Platz Glatt-haar	1 Platz Crested	1 Platz Rosette	1 Platz Rex	1 Platz US-Teddy	1 Platz CH-Teddy	1 Platz Sheltie	1 Platz Coronet	1 Platz Peruaner	2 Platz Texel	1 Platz Merino	1 Platz Alpaka	1 Platz Lunkarya

3 Platz Best in Show	3 Platz Glatthaar

diese Methode ist sichergestellt, dass – falls die besten drei Tiere von der gleichen Rasse sind – auch alle drei die Plätze 1 bis 3 belegen könnten. Nach Platz 1 wird danach Platz 2 bestimmt. Auch nun rutscht aus dieser Klasse das nächste Tier nach. Zum Schluss kann dann Platz 3 herausgesucht werden.
In diesem Beispiel wäre Platz 1 Best in Show ein Glatthaar (Platz 1 Hauptklasse Glatthaar), Platz 2 Best in Show ein Texel (Platz 1 Hauptklasse Texel) und Platz 3 Best in Show noch einmal ein Glatthaar (Platz 2 Hauptklasse Glatthaar).

Bester Aussteller

Neben dem Titel Best in Show sind die drei Plätze für Bester Aussteller ebenfalls sehr begehrt, hoch angesehen und oft sehr hart umkämpft. Feste Regeln gibt es nach Ausstellungsreglement nicht. Zumeist wird aber ein Punktesystem angewandt, was sich seit Jahren im MFD BD e.V. bewährt hat.
Für ein V (Vorzüglich) gibt es 10 Punkte, für ein HV (Hervorragend) 3 Punkte, für ein SG (Sehr gut) 1 Punkt und für ein G (Gut) noch 0,5 Punkte. Gezählt werden hierbei alle Punkte, die ein Aussteller auf einer Show mit seinen Tieren erreicht. Natürlich ist dies eine Klasse für die Züchter, die eine größere Gruppe Tiere zeigt.
Aber nur die Anzahl der Tiere reicht dafür bei Weitem nicht aus. Die Gruppen müssen insgesamt mit Tieren bestückt sein, die ein hohes Qualitätsniveau besitzen. Mit zum Beispiel nur SG Meerschweinchen ist es sehr schwer, sich unter den besten zu platzieren. Spitzenzüchter gelingt es, auf über 80 bis 90 % HV-Bewertungen bei über 30 oder 40 Tieren zu kommen.

Eine Kollektion besteht aus vier Tieren – hier Rosetten in Rot.

Beste Kollektion

Die drei Preise der Besten Kollektion gehören, obwohl sie nach Ausstellungsreglement ebenfalls nicht fest vorgeschrieben sind, inzwischen zu einer fast ständig vergebenen Preisgruppe. Die Gewinnergruppen sind stets von hoher Qualität und ebenfalls sehr prestigeträchtig umringt. Zumeist besteht eine Kollektion aus vier Tieren der gleichen Rasse und gleichen Farbe. Das Besondere ist, dass der Züchter bestimmt, welche vier Meerschweinchen in eine Kollektion gehören. Die Kunst ist es also, möglichst vier Tiere im Vorfeld zu bestimmen, die wohl auch vom Preisrichter als HV Tiere angesehen werden. Sollten nach der Richtung mehrere Kollektionen mit 4-mal HV bewertet worden sein, bestimmt das Preisrichtergremium, wie auch schon bei der Klasse Best in Show, die Plätze. Ansonsten gewinnt zum Beispiel 4-mal HV gegenüber 3-mal HV und 1 SG oder 2-mal HV und 2-mal SG usw.
Eine andere Variante der Kollektion ist die Zuchtgruppenbewertung. Der Unterschied liegt in der Zusammensetzung. Hierbei gibt es zwei Möglichkeiten. Einmal wird die Nennung von weiblichen und männlichen Tieren verlangt und die zweite Verschärfung dann noch durch die Meldung von Jung und Alt Meerschweinchen erreicht.

Hauptklassen

Beim MFD BD e.V. sind Preise für die 13 Hauptgruppen nach Ausstellungsreglement vorgeschrieben. Die Hauptklassen/-gruppen werden auch als Rassenklassen bezeichnet.

Hauptklassen (Stand 01.03.2014):

- Glatthaar
- Crested
- Rosette
- Rex
- US-Teddy
- CH-Teddy
- Sheltie
- Coronet
- Peruaner
- Texel
- Merino
- Alpaka
- Lunkarya

Die Plätze der Hauptklassen werden je nach Anzahl der gezeigten Tiere entweder von einem oder mehreren Preisrichtern bestimmt. Hierbei können die Gruppenstärken sehr stark variieren, also von mindestens einem Tier bis über 100 oder 200 in einer Klasse.

Zwischenklassen

Die Vergabe von Zwischenklassen ist nicht nach Ausstellungsreglement des MFD BD e.V. vorgesehen. Dies liegt an der Tatsache, dass diese Klasse nur dann Sinn macht, wenn genügend Tiere in mindesten zwei der drei Farbgruppen gemeldet worden sind. Die drei Farbgruppen sind:

Gruppe 1: Wildfarbige
(Agouti, Solidagouti, Loh ...)
Gruppe 2: Einfarbige
(Schwarz, Schokolade, Slate Blue ...)
Gruppe 3: Zeichnungen (Brindle, Schildpatt, Himalaya, Dalmatiner, Schimmel ...)

Als Richtwert findet man oft eine Klassenstärke, die mit mindestens zwölf Meerschweinchen pro Gruppe beginnt. Auf diese Weise gelingt es, eine sehr starke Hauptklasse noch einmal zwischenzugliedern und mehrere Preise vergeben zu können.
Wenn zum Beispiel eine Hauptklasse aus 100 Tieren besteht und 25 Tiere der Gruppe 1, 50 Tiere der Gruppe 2 und 25 Tiere der Gruppe 3 angehören, gibt es 3-mal drei Zwischenklassenplätze, die zusätzlich vergeben werden können.

Unterklassen

Eine Unterklasse setzt sich nach Ausstellungsreglement des MFD BD e.V. aus mindestens sechs Tieren der gleichen Rasse und Farbe zusammen. Je nach Größe der Show werden auch gemischte Unterklassen zusammengefasst. Wenn zum Beispiel vier Buff Rexe und zwei Safran Rexe gemeldet wurden, wären es nicht genug Meerschweinchen für eine reine Unterklasse. In diesem Fall kann dann die Ausstellungsleitung eine gemischte Unterklasse Rex Buff/Safran bilden. Eine weitere Möglichkeit zur Erleichterung ist, dass manche Veranstalter schon Preise für eine Unterklasse ab vier oder fünf Tieren stiften.

Die begehrten Pokale

Leistungsnachweise

Unter den Sammelbegriff Leistungsnachweis fallen alle Ehrungen, Zertifikate und Titel, die aufgrund besonderer Leistungen erreicht worden sind. Sie zeichnen also einen Züchter aus und machen somit auch für Anfänger erkennbar, dass sie es mit einer Person zu tun haben, die in der Welt der Meerschweinchenzucht nachweislich einen gewissen Status erreicht hat.

Züchterprüfung

Den Ursprung, mithilfe eines Nachweises sein Fachwissen in Form einer Züchterprüfung für die Mitglieder des MFD BD e.V. einzuführen, findet man eigentlich im Tierschutzgesetz der Bundesrepublik Deutschland.

In § 2 , Abs. 3 ist jede Person, die ein Tier hält, betreut oder zu betreuen hat, dazu verpflichtet, über die erforderlichen Kenntnisse und Fähigkeiten der angemessenen Ernährung, Pflege und verhaltensgerechten Unterbringungen zu verfügen.

Alle Fragen, die in dieser Prüfung gestellt werden, zielen auch genau auf diese erforderlichen Kenntnisse ab. Es geht nicht um Fragen der Rassen- oder Farbgenetik. Auch Themen wie schwere und leichte Fehler nach Standard usw. werden nicht abgefragt. Somit ist es egal, ob sich ein Mitglied zur Gruppe der Liebhaber- oder Rassezüchter zählt.
Deshalb empfehle ich jedem Mitglied, diese Fachprüfung nach sechsmonatiger Mitgliedschaft abzulegen. Hierzu beantragt man den Fragebogen bei der Bundestierschutzkommission des MFD BD e.V. Nach Erhalt sind die Antworten im Selbststudium zu erarbeiten und der Bogen ist zurückzusenden. Bei bestandener Prüfung wird ein Zertifikat ausgestellt. Sollte man nicht bestanden haben, besteht die Möglichkeit einer Wiederholungsprüfung nach sechs Monaten.

Obwohl diese Prüfung auf sehr hohem Niveau ist, ist sie nicht gleichzusetzen mit dem Erlaubnisbescheid einer Behörde nach § 11 TierSchG.

Q-Siegel

In den vielen Jahren als Züchter und Preisrichter bin ich oft von Züchtern und Anfängern gefragt worden, woran man einen sehr guten Züchter mit Fachwissen und Tieren in HV-Qualität vom Massenvermehrer unterscheiden kann. Es wurde immer wieder der Wunsch geäußert, dass es am besten wäre, ein Quälitätssiegel zu verleihen.

Viele Ansätze wurden daher gemacht. Oft scheiterte es an der Umsetzung oder am Aufwand, ein praktikables System einzurichten, wie zum Beispiel eine besondere Fachprüfung für Rassezüchter. Ebenfalls war es ein Problem, Theorie und Praxis unter einen Hut zu bekommen. Auch die Kosten sollten hierbei nicht zu hoch sein. Es mussten also Kriterien geschaffen werden, die alle Punkte, die messbar sind, vereint und zusätzlich die Meerschweinchen von dem System profitieren lassen. Punkte wie Grundwissen über Haltung und Gesundheit, Hobbytreue, gleichbleibende hohe Qualitätszucht nach Rassestandard, Ehrgeiz, Ausdauer, Erfolge in Show und Richtungen bis hin zu einer abgeschlossenen Fachausbildung sollten mit einfließen. Hieraus wuchs 2012, ähnlich der Berufsgrade (Meister, Techniker, Ingenieure, Doktor und Professor), ein Sternesystem für Qualitätszuchten. Rassemeerschweinchenzüchter des MFD BD e.V. können Q-Sterne für Ihre Zucht bekommen, eine Kennzeichnung einer Ein- bis Fünfsterne-Qualitätszucht. Grundvoraussetzungen zur Beantragung gibt es kaum. Die erste ist die Mitgliedschaft im MFD BD e.V. Die zweite ist, dass man nicht negativ bei der Tierschutzkommission in Erscheinung getreten ist, und die dritte, dass die MFD BD e.V.-Züchterprüfung erfolgreich bestanden wurde.
Sollten diese drei Bedingungen erfüllt sein, können folgende MFD-Q-Sterne vom MFD Bundesverband verliehen werden. Einmal verliehene Sterne bleiben im Regelfall für immer erhalten.

MFD-Q-Sterne-Kriterien

- Ein MFD-Q-Stern wird vergeben, wenn die MFD BD e.V.-Züchterprüfung erfolgreich abgeschlossen wurde.
- Ein MFD-Q-Stern wird vergeben, wenn man seit mindestens fünf Jahren mit

HV-Prädikaten an MFD-Ausstellungen teilnimmt. Dabei reicht als Minimum eine nachgewiesene Showteilnahme mit einem HV-Prädikat pro Jahr aus.

- Ein MFD-Q-Stern wird vergeben, wenn man mit der Züchterehrenadel des MFD-Bundesverbandes ausgezeichnet wurde, egal ob in Bronze, Silber oder Gold.
- Ein MFD-Q-Stern wird vergeben, wenn man einen der folgenden Unterpunkte nachweisen kann:
  a) 2-mal unter den ersten drei Plätzen für „Best in Show“ auf Bundesebene
  b) 5-mal unter den ersten drei Plätzen für „Best in Show“ auf Landes- oder Bezirksebene
  c) Zwei erfolgreiche Anerkennungen einer neuen Rasse oder Farbe
  d) 1-mal unter den ersten drei Plätzen für „Best in Show“ auf Bundesebene und dazu minindestens 4-mal unter den ersten drei Plätzen für „Best in Show“ auf Landes- oder Bezirksebene
  e) Eine erfolgreiche Anerkennung einer neuen Rasse oder Farbe und dazu mindestens 4-mal unter den ersten drei Plätzen für „Best in Show“ auf Landes- oder Bezirksebene
  f) Eine erfolgreiche Anerkennungen einer neuen Rasse oder Farbe, 1-mal unter den ersten drei Plätzen für „Best in Show“ auf Bundesebene und dazu mindestens 3-mal unter den ersten drei Plätzen für „Best in Show“ auf Landes- oder Bezirksebene
- Ein MFD-Q-Stern wird vergeben, wenn man eine abgeschlossene Berufsausbildung zum Tierarzt gemacht hat, A-Preisrichter des MFD BD e.V. oder Autor eines Meerschweinchen-Fachbuches ist.

Der MFD BD e.V. hat ein eigenes Qualitätssiegel entwickelt.

Die Bedingungen für MFD-Q-Sterne sind unterschiedlich schwer bzw. unterschiedlich schnell zu erreichen. Genau dies ist aber gewollt. Die Alternative, zum Beispiel nur MFD-Showerfolge als Kriterium zu nehmen, würde den unterschiedlichen Anforderungsgründen nicht gerecht werden. Die Auszeichnung mit mehreren Sternen sollte dabei nicht missverstanden werden. Die Qualität eines Tieres unter Gesichtspunkten des MFD-Rassestandards ist eine getrennte Geschichte. Sollte ein Meerschweinchen, welches zum Verkauf steht, zum Beispiel Faltohren, Fehlwirbel, Überzeichnungen, andersfarbige Haare, fehlerhafte Pigmentierung usw. besitzen, werden diese „Fehler nach Standard“ nicht verschwinden, nur weil ein Züchter das MFD-Q-Logo hat. Ganz im Gegenteil. Ein Züchter steht mit diesem Logo in der Verantwortung, sein Wissen an den neuen Besitzer weiterzugeben. Sollten dem Käufer diese „Fehler“ egal sein, ist das in Ordnung. Klärt ein Züchter den Käufer nicht auf und es stellt sich später heraus, dass es doch nicht egal war, ist der Ruf schnell ruiniert. Keiner wird die Aussage „Das wusste ich nicht“ danach mehr glauben. Ich empfehle deshalb jedem Züchter, sich an diesem System zu beteiligen, und jedem Käufer oder Anfänger in diesem Hobby, danach Ausschau zu halten. In Summe werden das Hobby und die Meerschweinchen die Gewinner dieses Systems sein.

Ehrennadel

Ehrennadeln gibt es im MFD BD e.V. inzwischen auf Bundes- und Landesverbandsebene. Die Verleihungsregularien und Verleihungsstufen tendieren hierbei sehr stark. Die Verleihungsgründe sind bei allen Ehrennadeln zumeist die gleichen. Neben der Verleihung wegen besondere Leistung oder Verdienste für den Verein wird die Ehrennadel als Beweis für hervorragende züchterische Arbeit über Jahre hinweg verliehen.
Auf Bundesverbandsebene werden zurzeit drei Stufen vergeben. Bronze (50 Punkte), Silber (100 Punkte) und Gold (200 Punkte). Die Ehrennadel des MFD Landesverbandes NRW ist die älteste Auszeichnung dieser Art und wird in sechs Stufen verliehen. Bronze (30 Punkte), Silber (60 Punkte), Gold (120 Punkte), Bronze mit Diamanten (240 Punkte), Silber mit Diamanten (480 Punkte) und Gold mit Diamanten (960 Punkte).
Egal welche Ehrennadel ein Züchter verliehen bekommen hat, eines ist gewiss, er hat sehr erfolgreich gezüchtet und seine Meerschweinchen oft über Jahre bis hin zu Jahrzehnten hinweg ausgestellt und gezeigt. Diese Leistung ist aller Ehren wert. Zumeist wird das Punktesystem angewendet, wie es auch bei der Errechnung des Besten Ausstellers erfolgt. Für ein V (Vorzüglich) gibt es 10 Punkte, für ein HV (Hervorragend) 3 Punkte, für ein SG (Sehr gut) 1 Punkt und einem G (Gut) noch 0,5 Punkte. Die Listen werden regelmäßig durch den Ausstellungsleiter aktualisiert. Die Verleihung der Ehrennadeln findet üblicherweise auf den Jahreshauptversammlungen der einzelnen Verbände statt.

Landesmeistertitel

Neben der Auszeichnung der Ehrennadel werden in einigen MFD BD e.V -Landesverbänden auch die Titel eines Landesmeisters ausgespielt.
Die Regeln sind von Verband zu Verband sehr unterschiedlich. In einigen Landesvereinen werden nur Züchter/Aussteller berücksichtigt, die auch Mitglied des Landesverbandes sind. In anderen Landesvereinen werden alle Aussteller mit eingebunden.
Wie immer auch die Regeln aussehen mögen, um diesen Titel bekommen zu können – es ist wie bei allen bis hier aufgeführten Ehrungen immer eine besondere Leistung erbracht worden. Dieser sollte der gebührende Respekt erbracht werden.

 Ehrennadel des MFD BD e.V. (Bundesverbandsebene)

Sonderpreise

Die Kategorie der Sonderpreise ist sehr vielschichtig und breit gefächert. Sie werden nur aus besonderen Anlässen oder bei außergewöhnlichen Leistungen verliehen. Die höchste Ehrung, die einem als Züchter dabei zuteil werden kann, ist die Verleihung der Ehrenmedaille des Bundesministeriums für Ernährung, Landwirtschaft und Verbraucherschutz. Sie wird vom Bundesminister/in verliehen und ist sehr selten. Ebenfalls recht selten wird die Ehrenmedaille der EE vergeben. Für die Verleihung muss eine außergewöhnliche Leistung auf einer Europaausstellung der EE oder etwas Ehrenvolles für den europäischen Dachverband erbracht worden sein.
Neben diesen Medaillen gibt es auch noch Ehrenringe, Ehrenpokale, Verdienstteller, Meistertitel, Großmeistertitel, Ehrenmeistertitel usw., die vergeben werden können. Sie alle haben ihre Daseinsberechtigung. Personen, die sie verliehen bekommen haben, dürfen mit Recht stolz auf ihre Leistung sein, und eines ist dabei von ausschlaggebender Bedeutung: Sie haben ihre Kraft, ihr Können und ihre Zeit dem Hobby gewidmet, das wir alle lieben, und es zu dem gemacht, was es heute ist.

MFD BD e.V.

Bewertungskarte
Rassetiere

Veranstalter, Ort, Datum

Käfig-Nr.: | **M** | **W** | **A** | **J**

Rasse: | **Farbe:**

Bewertung:

Kondition:

Bemerkung: | **Prädikat:**

Vereinssiegel | Unterschrift Ausstellungsleitung | Unterschrift Preisrichter/-in

V = Vorzüglich, HV = Hervorragend, SG = Sehr gut, G = Gut, AUSR. = Ausreichend, M = Mangelhaft, UN = Ungenügend MFD BD e.V. R300001/98 Original für Aussteller

Bewertungskarte des MFD BD e.V.

Die Bewertungskarte

Die Beurteilungen und Prädikate der Tiere werden bei einer Richtung auf den sogenannten Bewertungskarten dokumentiert. Auf diesen Karten steht im Kopfbereich immer die Show, die Rasse, die Farbe, das Geschlecht, das Alter und die Käfig-Nr.
Im dann folgenden Bewertungsteil werden durch einen Schreiber die Beurteilungen der Preisrichter über ein Meerschweinchen schriftlich vermerkt. Die Tiere werden hierbei nach MFD BD e.V.-Standard in Deutschland nach sieben verschiedenen Hauptpunkten begutachtet.
Die ersten drei und der jeweils letzte Bewertungspunkt ist bei allen Rassen und Farben identisch. Die Punkte vier, fünf und sechs gelten als Rasse-/Farbmerkmale und sind auf die einzelnen Rassen und Farbschläge abgestimmt.
Auch die Gewichtung dieser Bewertungskriterien ist unterschiedlich. Das Gesamtbild aller einzelnen Noten ergibt das Prädikat. Dieses befindet sich meist im unteren Bereich der Karte und wird später

vom Preisrichter unterschrieben bzw. abgestempelt. Eine Durchschrift verbleibt zumeist bei der Ausstellungsleitung, dass Original geht in den Besitz des Ausstellers über. Manche Richter lassen noch eine Bemerkung über das eine oder andere Tier mit aufschreiben, wie zum Beispiel sehr schöne Farbverteilung.
Diese Bewertungskarten sind für Züchter ein sehr wichtiges Kriterium, um sich einen Überblick zu verschaffen, wie weit er mit seiner Zucht vorangekommen ist. Sie dienen auch als Hilfestellung darfür, ob man ein sehr gutes Ausstellungstier hat oder ein Zuchttier. Ich empfehle allerdings, diese Entscheidung nicht nur von einer Bewertungskarte abhängig zu machen. Denn Meerschweinchen verändern sich im Laufe des Wachstums noch stark im Körperbau und auch manchmal in der Farbe.

Beispiel für die Bewertung für anerkannte Rassen/Farben

1. Typ und Bau	20 %
2. Kopf, Augen, Ohren	10 %
3. Behaarungsdichte und -länge	10 %
4. Rasse-/Farbmerkmale	15 %
5. Rasse-/Farbmerkmale	15 %
6. Rasse-/Farbmerkmale	15 %
7. Kondition und Pflegezustand	15 %
	100 %

Prädikate

Unter Prädikat versteht man die auf einer Bewertungskarte geschriebene Endbewertung. Diese setzt sich aus den Einzelprädikaten zusammen, die die Tiere nach den oben aufgeführten Gesichtspunkten erhalten haben. Unten aufgeführt sind die vom MFD BD e.V. verwendeten Prädikate bzw. Abkürzungen.

Prädikattabelle

1.	V	Vorzüglich
2.	HV	Hervorragend
3.	SG	Sehr gut
4.	G	Gut
5.	AUSR	Ausreichend
6.	M	Mangelhaft
7.	UNG	Ungenügend
8.	NA	Nicht anerkannt
9.	ZA	Zur Anerkennung
10.	OB	Ohne Bewertung
11.	DIS	Disqualifikation
12.	ABW	Abwesend

Bedeutung der Prädikate

V – Dieses Prädikat wird sehr selten vergeben. Tiere, die es bekommen haben, sind perfekt in allen Gesichtspunkten.

HV – Tiere, die dieses Prädikat bekommen haben, sind hervorragend in ihrer Bewertung. Sie sind in der Lage, eine Ausstellung oder Tagesrichtung zu gewinnen, und beweisen dem Züchter, dass er sich mit seiner Zucht auf einem sehr hohen Niveau befindet.

SG – Diese Tiere haben sehr gut bei einer Bewertung abgeschnitten. Jungtiere mit diesem Prädikat besitzen sogar die Möglichkeit, bei weiterer sehr guter Pflege und Entwicklung zu einem HV-Tier zu werden. Ein guter Züchter sollte immer einige von diesen Tieren in seiner Zucht verwenden, um aus solchen Tieren die Qualität der nächsten Generationen noch zu verbessern.

G – Tiere mit diesem Prädikat sind gut. Sie sind diejenigen, die ein guter Züchter in seiner Zucht verwenden kann, indem er die kleinen Schwächen dieses Tieres mit einem dazu passenden Partner auszugleichen versucht.

AUSR – Tiere mit diesem Prädikat sind nur bedingt in einer Zucht zu verwenden und werden nie ein erfolgreiches Ausstellungstier sein.

M – Diese Tiere haben oft vererbliche Rasse- oder Farbfehler und sind deswegen für die Rassezucht unbrauchbar. Sie können auch in Summe der Einzelprädikate schlichtweg schlechte Merkmale haben.

UNG – Wenn ein Tier wegen eines nicht vererblichen Fehlers, wie zum Beispiel einer zu großen Beschädigung der Ohren, ein solches Prädikat bekommt, kann man es zur Zucht durchaus verwenden. Ist jedoch ein erblicher Mangel vorhanden bzw. sind die Rasse- oder Farbkriterien so schlecht, dass es diese Bewertung bekommen hat, ist es von der Zucht auszuschließen.

NA – Rassetiere, die noch nicht im Standard aufgenommen sind, bekommen zwar Einzelprädikate, allerdings als Endprädikat ein NA.

ZA – Dieses Prädikat wird nur bei Tieren verwendet, die der Standardkommission in einem Anerkennungsverfahren vorgestellt werden.

OB – Im Normalfall sind die Preisrichter des MFD BD e.V. dazu verpflichtet, jede Bewertungskarte komplett auszufüllen. Es gibt allerdings auch Ausnahmen von dieser Verpflichtung. Sollten Meerschweinchen krank, verletzt, trächtig, kastriert, bissig, hektisch, panisch sein oder unter dem Mindestgewicht liegen, bleibt die Bewertungskarte leer. Es wird nur der Grund vermerkt, warum dieses Tier ohne Bewertung bleibt.

DIS – Ein oder mehrere Tiere eines Ausstellers werden dann disqualifiziert, wenn der Züchter ein Ausstellungstier manipuliert hat bzw. versucht hat, den Preisrichter bei einer Richtung zu beeinflussen.

ABW – Wenn ein Meerschweinchen nicht zur Ausstellung mitgenommen werden kann und auch kein Ersatztier gemeldet wurde, bleibt der Ausstellungskäfig leer und somit wird auch auf der Bewertungskarte ein Abwesend vermerkt.

Zum Schluss möchte ich noch zwei Aspekte erwähnen, die ein Aussteller beherzigen sollte.
Ein Preisrichter kann die Prädikate eines Meerschweinchens nicht durch eine Messung ermitteln, sondern nur durch sein faires Urteil, was er durch sein Wissen und seine Erfahrung fällen wird.
Das zweite ist, dass ein Einzelprädikat einen Gewichtungsbereich beziffert. Hiermit ist gemeint, dass ein Prädikat also ein starkes, ein normales und ein schwaches sein kann. Somit ist es möglich, dass ein Tier mit einem SG und dem Rest HV-Einzelprädikaten vor einem Tier mit nur HV-Einzelprädikaten platziert werden könnte. In diesem Fall wird das erste Meerschweinchen ein starkes SG und starkes HV bekommen haben. Das Tier mit nur HV Einzelprädikaten, wird dann wohl schwache HVs besitzen. Tiere unterschiedlicher Rasse/Farbe haben zusätzlich auch noch eine unterschiedliche Gewichtung in ihren Einzelprädikaten. Ein genauer direkter Vergleich ist hierbei noch schwieriger.
Den genauen Vermerk, ob es sich bei einem Endprädikat um ein starkes, normales oder schwaches Prädikat handelt, trägt der Preisrichter auf seine Richterliste ein. Dieser Toleranzbereich ist sehr wichtig. Er ermöglicht die fairste Platzierungsreihenfolge.

Anerkennungsverfahren

Möchte ein Züchter den endgültigen Schritt wagen, seine Tiere für die Anerkennung auf einer Bundesverbandsausstellung zu zeigen, sollte dies gut vorbereitet sein. Er muss sich vor allem im Klaren sein, dass dieses Vorhaben sehr viel Zeit und Aufwand in Anspruch nehmen wird.
Ein Problem hierbei ist es, in den ersten Generationen noch sehr viele Tiere zu bekommen, die noch nicht der Qualität entsprechen, um sie auf Ausstellungen bewerten lassen zu können. Ein anderes Problem ist es, etliche Tiere im Stall sitzen zu haben, die noch kein großes Interesse bei anderen Züchtern wecken und so Jungtiere oft nur an Liebhaber vermittelt werden können.
Auch bedarf es genauer Überlegungen, wie man solche neuen Rassen und Farben in mehreren Linien züchten kann, ohne dabei zu sehr Inzucht zu betreiben. Deshalb ist es ratsam, bevor man eine sehr große Anzahl dieser Neuheiten besitzt, die ersten Tiere auf kleinen Ausstellungen als „Nicht Anerkannte“ Rasse/Farbe bewerten zu lassen. Hierdurch klärt man, wie die Akzeptanz bei Züchtern, Richtern bzw. Mitgliedern der Standardkommission für diese Neuheit ist. Auch erfährt man als Züchter hierbei, was an der neuen Rasse oder Farbe noch zu verbessern ist und ob man sich auf dem richtigen Weg befindet. Die Zusammenarbeit mit der Standardkommission ist dabei unabdingbar.

Voraussetzung für das Anerkennungsverfahren

Die Anerkennungsverfahren der verschiedenen Länder gleichen sich meistens. Alle Vereine bzw. Organisationen verlangen eine Rasse- oder Farbschlagbeschreibung der neuen anzuerkennenden Rasse oder Farbe. Diese muss in schriftlicher Form der Standardkommission und der Ausstellungsleitung im Vorfeld einer Bundes- oder in Ausnahmefällen auf einer Landesverbandsausstellung ausgehändigt werden. Versucht ein Züchter, eine im Ausland oder in der EE bereits schon anerkannte Rasse oder Farbe in einem anderen Standard zu etablieren, sollte er die dort verwendeten Rassen- und Farbschlagbeschreibungen verwenden. Dies stellt sicher, dass diese Neuheit dann länderübergreifend identisch gezüchtet und bewertet wird.
Die meisten Standards wenden hierbei eine zweistufige Anerkennung an. Sollten die Meerschweinchen den Anforderungen entsprechen, werden sie oft in den vorläufigen Standard aufgenommen. Diese Beobachtungszeit dient dazu, dass die Standardkommission nach Ablauf dieser Zeit entscheiden kann, ob die Qualität der Tiere von Bundesschau zu Bundesschau zunimmt und ob sich noch mehrere Züchter dieser Neuheit angenommen haben. Wenn dies der Fall ist, wird die neue Rasse/Farbe in den Vollstatus übernommen. Ansonsten wird die Periode der vorläufigen Anerkennung verlängert. Durch diese Vorgehensweise wird verhindert, dass Rassen oder Farbschläge im Standard vorhanden sind, die eine einzelne Person eingebracht hat und die man nicht mehr zu sehen bekommt, wenn dieser Züchter diese Rasse oder Farbe nicht mehr hält. Ist die neue Rasse oder Farbe voll anerkannt, kann sie nicht mehr aus dem Standard fallen.

Beim MFD BD e.V. besteht eine Anerkennungsgruppe aus mindestens vier Tieren. Beide Geschlechter müssen gezeigt werden, sowie Jung- und Alttiere, also Tiere bis und über zwölf Monate. Das Endprädikat eines jeden einzelnen Meerschweinchens muss mindestens „gut“ betragen. Eine Besonderheit des MFD BD e.V.-Stan-

dards ist, die gesamte Anerkennung einer Farbe in der Gruppe der Kurzhaar- oder Langhaar-Rassen, wenn einer dritten Rasse die volle Anerkennung in dieser Farbe zugesprochen wurde.
Ein Beispiel: Ein neuer Farbschlag wurde voll anerkannt bei den Rassen Sheltie, Peruaner, Texel. Automatisch wird die Anerkennung dieser Farbe dann auch auf die Coronet, Merino, Alpaka und Lunkarya erweitert.

Die Geschichte des Standards

Für jeden Züchter ist der Besitz eines Standards für die Zucht eine Grundvoraussetzung. Er kann über den MFD BD e.V. bezogen werden. In ihm sind alle Punkte aufgeführt, die ein Meerschweinchen je nach Rasse und Farbe zeigen sollte. Zusätzlich werden die leichten und schweren Fehler genannt und gewichtet. Der Standard des MFD BD e.V. ist somit das Normbuch für alle Meerschweinchen. Er ist verantwortlich für eine klare Struktur und eine eindeutige Definierung aller anerkannten Rassen und Farben.
Ein Standard, der hingegen nur eine Auflistung aller genetischen Möglichkeiten abbildet und beinhaltet, wird die Zucht von Rassemeerschweinchen mehr behindern statt zu fördern.

Der älteste Deutsche Meerschweinchenstandard stammt aus den 1930er-Jahren. Er ist in Zusammenarbeit mit dem Kaninchenverband (damals ZDK, heute ZDRK) erstellt worden. Damals waren neben den Glatthaar- und den Rosetten-Meerschweinchen kaum weitere andere Rassen bekannt. Die Unterscheidung in Wild-, Ein- und Zeichnungsfarbige war allerdings schon vorhanden. Einige Farbbezeichnungen gerieten

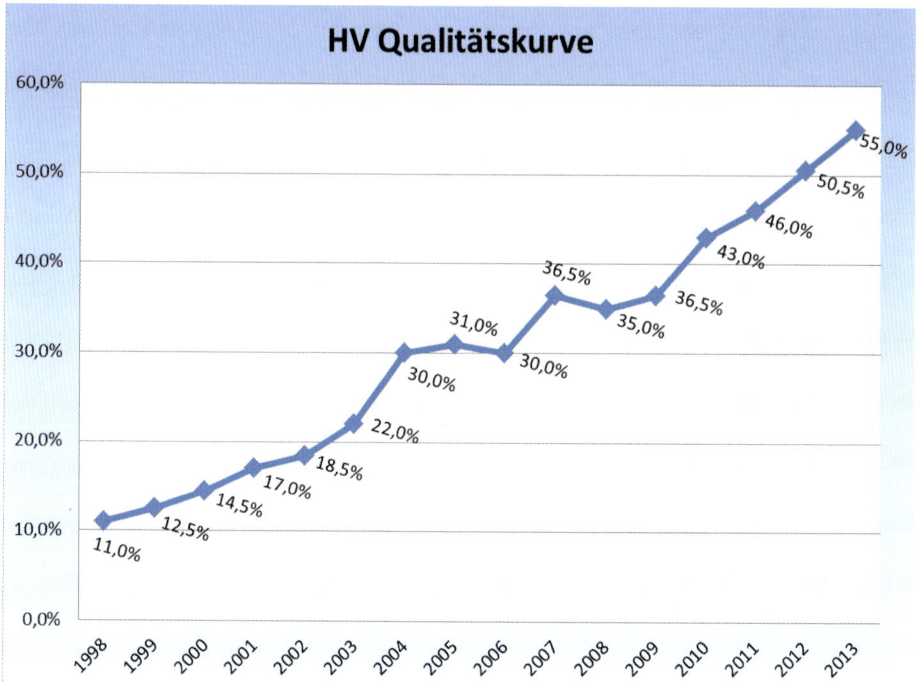

Steigerung der durchschnittlichen Qualität (Bezugsgröße das Endprädikat HV)

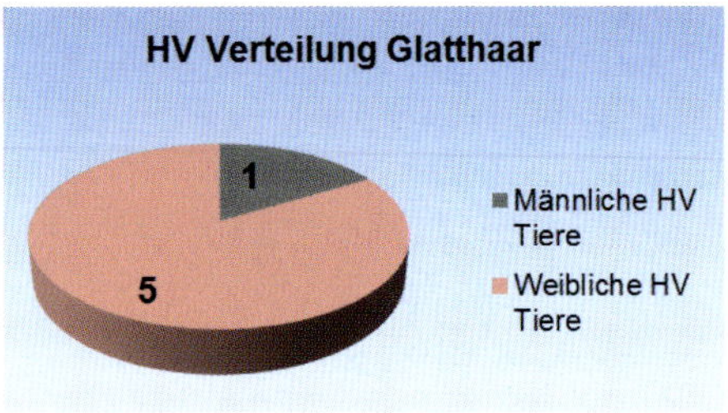
HV Verteilung Glatthaar
1
5
Männliche HV Tiere
Weibliche HV Tiere

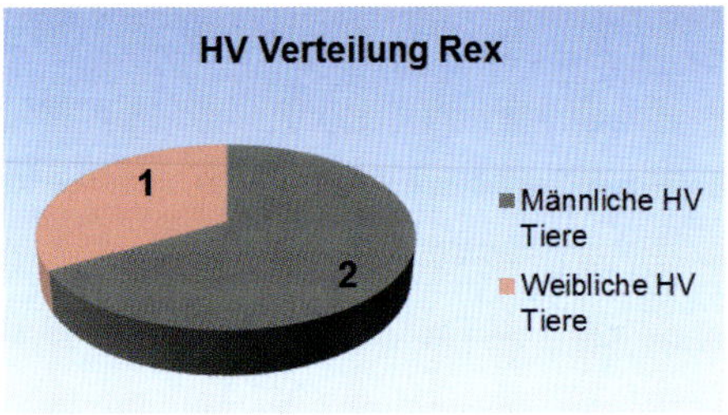
HV Verteilung Rex
1
2
Männliche HV Tiere
Weibliche HV Tiere

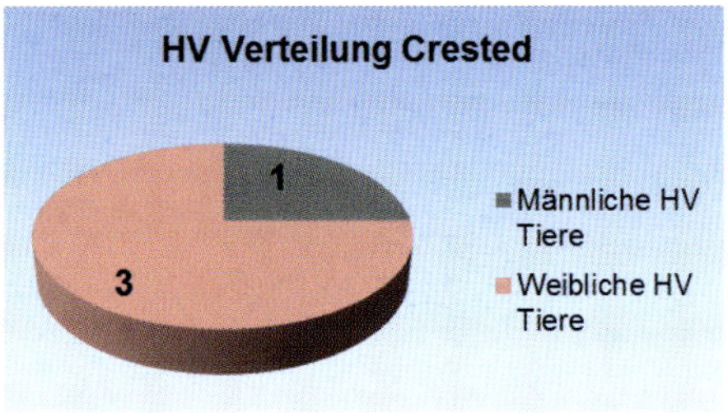
HV Verteilung Crested
1
3
Männliche HV Tiere
Weibliche HV Tiere

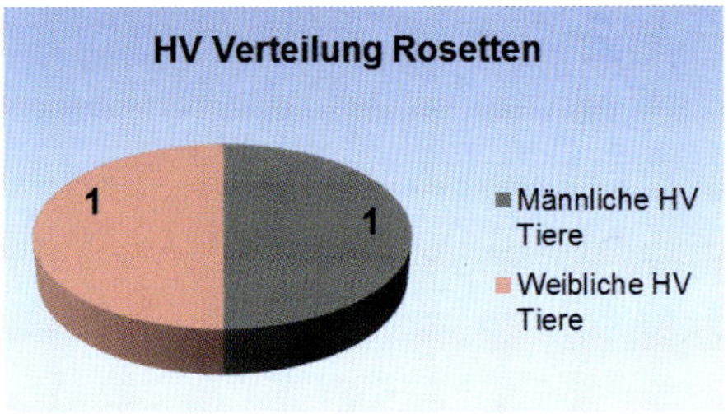
HV Verteilung Rosetten
1
1
Männliche HV Tiere
Weibliche HV Tiere

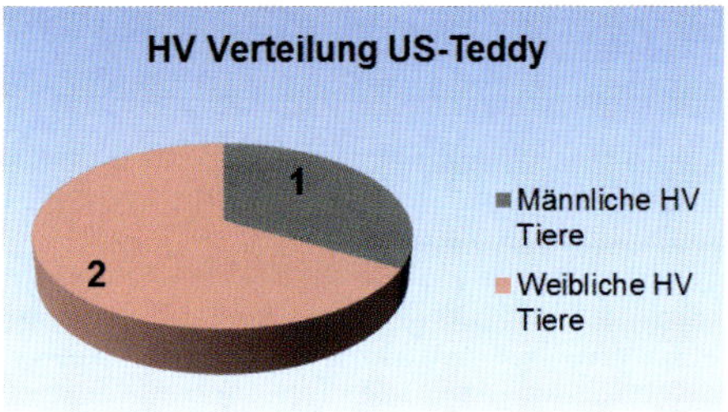
HV Verteilung US-Teddy
1
2
Männliche HV Tiere
Weibliche HV Tiere

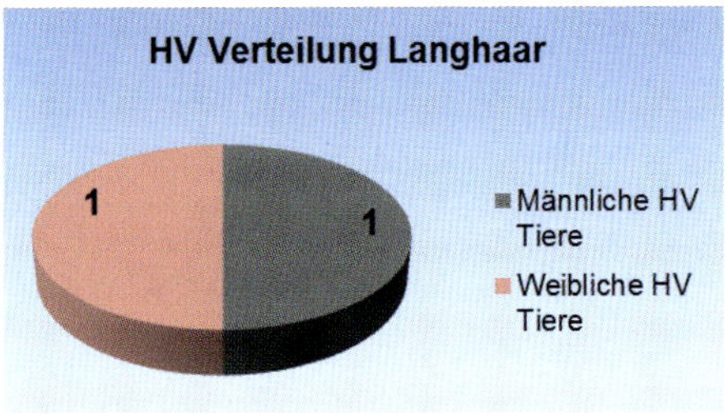
HV Verteilung Langhaar
1
1
Männliche HV Tiere
Weibliche HV Tiere

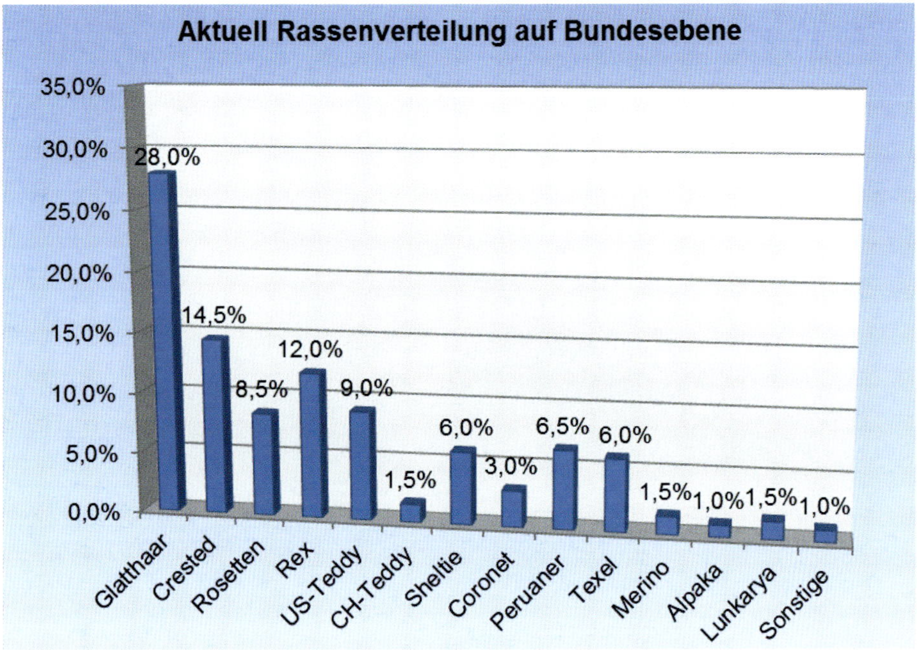
Aktuell Rassenverteilung auf Bundesebene
35,0%
30,0%
25,0%
20,0%
15,0%
10,0%
5,0%
0,0%
28,0%
14,5%
8,5%
12,0%
9,0%
1,5%
6,0%
3,0%
6,5%
6,0%
1,5%
1,0%
1,5%
1,0%
Glatthaar
Crested
Rosetten
Rex
US-Teddy
CH-Teddy
Sheltie
Coronet
Peruaner
Texel
Merino
Alpaka
Lunkarya
Sonstige

dabei komplett in Vergessenheit. Die Zeichnungstiere die man zum Beispiel als Brandnasen bezeichnete, sind heute unter dem Name Himalaya bekannt.

Während des Zweiten Weltkriegs wurden die Fleischrassen der Kaninchen immer beliebter und sogar staatlich gefördert. Dies hielt bis in die 1960er- und 1970er-Jahre an. Leider verloren in dieser Zeit die Meerschweinchen in Deutschland als Rassetiere total ihren Status. In den Niederlanden begann der NKB/NCC 1954 (heute KLN) mit einem eigenen Meerschweinchenverein das Hobby wieder aufleben zu lassen. Deutschland folgte erst 1988. Danach sollte es sogar noch fast zehn Jahre dauern, bis der Standard des MFD BD e.V. erstellt wurde.

Seit dieser Zeit nahm die Entwicklung des Hobbys und auch die Qualität der Tiere rasant zu. Viele Landes- und Bezirksverbände gründeten sich. Partnervereine schlossen sich dem MFD BD e.V. an. Dieser beteiligte sich maßgeblich als Spartenvertreter Cavia und als Deutscher Dachverband an der Erstellung des Europastandards.

Inwieweit ein sehr gut erstellter und geführter Standard die Qualität der Tiere fördert, zeigen die Statistiken auf S. 173 und 174. Zur Auswertung standen mir lückenlose Daten von etwa 40 der größten Ausstellungen in den letzten 15 Jahren des MFD zur Verfügung – in Summe für etwa 15.000 Meerschweinchen.

Die Standardkommission

Die Standardkommission des MFD BD e.V. ist zuständig für eine Reihe von Aufgaben:

- Erstellung, Änderung und Pflege des Verbandsstandards
- Erstellung, Änderung und Pflege des Ausstellungsreglements
- Anerkennung von neuen Rassen/Farben für den Verbandsstandard
- Erstellung, Änderung und Pflege der Preisrichterprüfungsordnung
- Ausbildung neuer MFD-Preisrichter
- Fortbildung der MFD-Preisrichterschaft
- Fortbildung der MFD-Züchter und -Mitglieder
- Zusammenarbeit auf Europaebene mit den Vereinen in der EE

Die Standardkommission besteht im Regelfall aus sieben A-Preisrichtern und der Bundesausstellungsleitung als redaktionelles Mitglied. Ihr zugehörig und unterstellt ist die Preisrichterprüfungs- und die Preisrichterausbildungskommission. Dieses Expertengremium ist verantwortlich für alle Belange rund um den Standard und die Lenkung der Zucht und Show.

Die Preisrichter

Die Preisrichter eines Vereins sind die Personen, die stets im Rampenlicht einer Ausstellung stehen. Jegliche Äußerung, jegliche Geste, jegliche Entscheidung werden genau beobachtet und registriert. Auf den Schultern eines Preisrichters lastet ein sehr hoher Druck und eine noch höhere Verantwortung. Entscheidungen, die einmal gefällt worden sind, können nicht mehr rückgängig gemacht werden. Um diesen Job erfolgreich ausüben zu können, ist daher eine fachfundierte Ausbildung auf sehr hohem Niveau eine Grundvoraussetzung.

Die Preisrichterausbildung beim MFD BD e.V. ist recht komplex und sehr langwierig. Wenn sich jemand zur Preisrichterausbildung anmelden möchte, müssen folgende Voraussetzungen erfüllt sein:

- Der Anwärter muss das 21. Lebensjahr vollendet haben.
- Der Anwärter muss charakterlich geeignet sein und einen einwandfreien Leumund besitzen, also frei von Vereinsstrafen oder negativen Auffälligkeiten bei der Bundestierschutzkommission.
- Der Anwärter muss die Züchterprüfung des MFD BD e.V. erfolgreich bestanden haben.
- Der Anwärter muss mindestens seit fünf Jahren bei Lehrgangsbeginn Mitglied des MFD BD e.V. sein.
- Der Anwärter muss mindestens seit fünf Jahren erfolgreich züchten und seine Tiere auf Ausstellungen präsentieren.
- Der Anwärter muss die Ausbildung zum Liebhabermeerschweinchenbewerter erfolgreich abgeschlossen haben.
- Der Anwärter muss den Eignungstest der Standardkommission mit mindestens 80 % bestehen.

Sollten diese Bedingungen alle erfüllt sein, beginnt für den Preisrichteranwärter die Stufenausbildung zum MFD BD e.V. Preisrichter.

Der Anwärter erlernt dabei in theoretischen und praktischen Seminaren alles über die Vereinssatzung, den Verbandsstandard, das Ausstellungsreglement, die Ernährung der Tiere, die Anatomie, einige der geläufigsten Krankheiten, die Genetik von Rasse und Farbe und etwas Vereinsgeschichte. Das theoretische Wissen wird schrittweise über Prüfungen abgefragt. Proberichtung gehören ebenfalls schon mit in diesen Ausbildungsabschnitt.

Nach erfolgreicher Endprüfung in der Theorie und der praktischen C-Prüfung, ist die erste Stufe erreicht. Sie dauert im Durchschnitt 1 1/2 bis 2 Jahre. Nun darf der C-Preisrichter 40 Tiere richten und zwar die Rassen der Glatthaar und der Crested.

 Drei Glatthaar Zeichnungstiere auf dem Richtertisch

Nach der C-Prüfung geht es weiter mit der Ausbildung zum B-Preisrichter. Hierzu gehören die Proberichtungen auf die Rassen der Rosetten, der Rex, der US- und der CH-Teddy. Sollte diese Prüfung ebenfalls bestanden werden, ist die Stufe des B-Preisrichters erreicht. Dieser darf nun 60 Tiere richten. Der Ausbildungsabschnitt vom C- zum B-Preisrichter dauert im Regelfall ein Jahr.

Im dritten und letzten Abschnitt werden die Proberichtungen aller Langhaarrassen durchgeführt. Wie auch bei den anderen beiden Stufen steht hier am Ende die letzte praktische Prüfung zum A-Preisrichter. Dies dauert meistens zwei Jahre. Erst jetzt ist die Ausbildung beendet. Der A-Preisrichter darf 80 Tiere richten, auch alle nicht anerkannten Rassen und Farben.
Während der gesamten Ausbildung gilt für jede Prüfung, dass mindestens 80 % erreicht werden müssen.

Diese Anforderungen und der lange zeitliche Rahmen von etwa vier bis fünf Jahren Ausbildung sind notwendig und unabdingbar. Die Abbruchquote ist dementsprechend hoch.
Eines dürfte nun jedem Leser klar geworden sein. Ein A-Preisrichter des MFD BD e.V. ist ein echter Experte in diesem Hobby. Um diesen Status zu erlangen, muss man nicht nur alle Kosten privat aufbringen, sondern auch etwa neun bis zehn Jahre lang hart gearbeitet haben.
Umso erstaunlicher ist es, dass gerade oft Anfänger in diesem Hobby sich schon nach kürzester Zeit erlauben, über einen Preisrichter urteilen zu können. Dies wäre so, als wenn ein Fahranfänger einem Rennfahrer das Autofahren beibringen wolle.
Ich kann dazu nur eines sagen. Ich bin sehr stolz auf alle meine Preisrichterkollegen des MFD BD e.V. und weiß sehr wohl ihrer hohen fachlichen und charakterlichen Kompetenz.

Anhang

Sonstige Tipps

Gewöhnung an Ausstellungsverhältnisse

Oft werden Meerschweinchen in Stallungen oder Orten gehalten, in denen es sehr leise sein kann. Besonders in Stallanlagen, in denen man sich in den Wintermonaten nicht so lange aufhält, ist dies der Fall. Damit die Tiere auf einer Ausstellung dann besser mit der damit verbundenen Geräuschkulisse zurechtkommen, ist es von Vorteil, tagsüber in den Stallbehausungen ein Radio mit mäßiger Lautstärke laufen zu lassen. Nachts brauchen Meerschweinchen ihre Ruhe und das Radio ist abzuschalten. Zusätzlich ist das regelmäßige Üben auf einer Ausstellungsplatte zu empfehlen; dies macht die Tiere gelassen und gewöhnt sie an den Vorgang einer Richtung. Das gilt auch schon für Jungtiere, die später einmal als Showtier gezeigt/ausgestellt werden sollen. Meerschweinchen, die nicht vorbereitet werden, sind meist sehr unruhig und machen keinen guten Eindruck auf den Preisrichter. Es liegt also am Züchter, wie gut er seine Showtiere für eine Ausstellung vorbereitet.
Während einer Show sitzt ein Meerschweinchen in einem Ausstellungskäfig von 40 x 40 oder 50 x 50 cm Größe. Nur bei diesen Käfigen sind die Gitterstäbe nah genug beisammen, sodass die Tiere nicht ausbrechen oder sich einklemmen können. Die Käfige sind bis auf die Frontseite geschlossen. Somit sitzen die Meerschweinchen sehr geschützt und stressfrei für die Zeit der Ausstellung in dieser Behausung.

Jahrbücher und Ausstellungskataloge

Möchte man als Züchter von Rassemeerschweinchen seine eigenen Linien mit denen von anderen guten Züchtern auffrischen oder komplett neue eröffnen, sind die in den Niederlanden und England erscheinenden Jahrbücher oder die Ausstellungskataloge des MFD BD e.V. von großen Shows die geeigneten Hilfsmittel hierzu.
Im Jahrbuch der NCC Niederlande findet man etliche Möglichkeiten, einen geeigneten Züchter ausfindig zu machen. Eine von diesen Möglichkeiten ist das Studium der Auflistung der Showerfolge der letzten Saison oder der Siegerlisten der großen Ausstellungen über mehrere Jahre. Eine weitere ist die Championliste. Hier werden alle Züchter aufgeführt, die in der letzten Saison in ihrer Rasse oder Farbe auf den sechs größten Ausstellungen jeweils gewonnen haben. Für jeden Sieg in seiner Gruppe erhält der Züchter 10 Punkte, hat damit also die Chance auf eine maximale Punktzahl von 60 zu gelangen. Ausgezeichnet wird der Gewinner einer jeden Gruppe mit einer Medaille in der NCC-Jahreshauptversammlung. Die letzte Möglichkeit besteht in der Abarbeitung der Werbeanzeigen, gekoppelt mit der Zuchtdauer von teilweise 20 Jahren und mehr. Auch hier wird man auf Tiere von sehr hoher Qualität treffen. Hat man dann einen Züchternamen ausfindig gemacht, ist es ein Leichtes, aus der Mitgliederliste eine Adresse herauszusuchen und Kontakt mit dem gewünschten Züchter aufzunehmen.
Das NCC Jahrbuch von England ähnelt im Aufbau sehr dem der Niederlande. In diesem Verein wird aus der Punktverteilung eine Starverteilung. Je größer die Ausstellung ist, umso mehr Stars werden vergeben. Die Einteilung beginnt bei Kleinshows mit einem Star und endet bei Großshows mit fünf Stars. Am Ende einer Saison werden die Züchter namentlich und mit einem Lichtbild abgebildet. Hierbei werden sie in drei Gruppen eingeteilt:

Gruppe Nr. 1: Gewinner von 15 bis 29 Stars
Gruppe Nr. 2: Gewinner von 30 bis 44 Stars
Gruppe Nr. 3: Gewinner von 45 Stars und mehr

Die in der Gruppe 3 aufgeführten Züchter werden zusätzlich mit einer Urkunde über die von ihnen erbrachte Leistung geehrt. Weiterhin werden im englischen Jahrbuch alle Mehrfachgewinner aufgeführt und mit den Titeln Champion, Double Champion, Triple Champion, Quadruple Champion oder Quintuple Champion versehen.
In Deutschland gibt es bis heute leider noch kein Jahrbuch des MFD BD e.V. Man kann jedoch die große Bundesausstellung im Mai/Juni eines jeden Jahres besuchen und anhand der Auswertung, der einzelnen Prädikate, des Ausstellungskataloges den für sich geeigneten Züchter aussuchen. Auch die in der Vereinszeitschrift abgebildeten Siegertabellen der Landes- und Bezirksverbandsausstellungen können eine große Hilfe hierbei sein.

Homepage
In der heutigen Zeit ist eine private Homepage nichts Besonderes mehr. Von allein erstellt sie sich dennoch nicht. Daher sollte man sich einmal kurz überlegen, was man mit einer HP bezwecken will.

- Sie sollte übersichtlich und klar strukturiert sein.
- Sie sollte informieren und nicht verwirren.
- Sie sollte regelmäßig aktualisiert werden.

Wichtig ist, dass das Hobby, welches man mit Priorität 1 ausübt, die Meerschweinchen bleiben und nicht die Erstellung und Pflege einer Homepage.

Einkauf von Tieren
Das Falscheste, was man machen kann, ist, dass man sich an einem PC setzt und auf Internet-Shoppingtour geht. Neben dem beschriebenen Risiko der aufeinandertreffenden Stallkulturen stellt sich sofort die Frage: Passen diese Tiere überhaupt zueinander? Dies gilt für Tiere, die man auf Ausstellungen erwerben kann, genauso. Gut, hier kann man die Meerschweinchen wenigstens in die Hand nehmen und zumeist mit dem Züchter ein Gespräch führen. Zeit und Ruhe hat man allerdings auf einer Ausstellung selten.
Ein verantwortungsbewusster Züchter übt sich daher lieber etwas in Geduld und nimmt Kontakt zu einem anderen Züchter auf. Nun besteht die Möglichkeit, genau das Tier kaufen zu können, das man zur Verbesserung seiner Tiere/Linie benötigt. Beim Kauf solcher Tiere ist eigentlich kaum eine Entfernung zu weit. Es ist effektiver, einmal einen Tag durch Deutschland zu reisen und seine neuen Tiere beim Züchter direkt abzuholen, als viel Zeit und Geld zu verschwenden, weil man solche Mühen nicht auf sich nehmen wollte. Jedem Leser dieses Buches dürfte nun klar geworden sein, warum ein sehr gutes Rassemeerschweinchen seinen Preis allemal wert ist.

Urlaubs- und Krankheitsvertretung
Es gibt sehr viele Gründe, die eintreten können, warum man jemanden benötigt, der sich im Bedarfsfall um die Versorgung der Tiere kümmert. Dies kann ein sehr schöner Grund wie Urlaub oder eine Ausstellung sein oder ein nicht so schöner wie eine Krankheit. Oft kann ein Lebenspartner, der sich ebenfalls mit Meerschweinchen auskennt, diese Aufgaben übernehmen. Wenn dies nicht so ist, braucht man die Unterstützung einer anderen Person. Die ideale Lösung ist natürlich ein/e Züchterkollege/in. Sollte man die Möglichkeiten nicht haben, gilt es rechtzeitig jemanden mit diesem Job zu beauftragen. Es ist im Sinn und zum Vorteil der

Tiere. Denn Meerschweinchen brauchen täglich ihr Futter und Wasser. Es liegt also in der Verantwortung eines Züchters, dies zu planen. Je gründlicher die Einweisung erfolgt und je umfangreicher das Wissen der eingesetzten Person ist, desto geringer ist die Gefahr, dass etwas in dieser Zeit aus dem Ruder läuft. Ansonsten könnte es katastrophale Folgen nach sich ziehen.

Seminare und Lehrrichtungen

Um sein Wissen zu vergrößern, bietet der MFD BD e.V. regelmäßig Seminare oder Lehrrichtungen an. Hier hat jeder die Chance, noch mehr über das Hobby der Meerschweinchenzucht zu erfahren.
Die Seminare beinhalten das 1 x 1 der Meerschweinchenzucht, alles über Kurzhaarrassen, alles über Langhaarrassen und die Farbgenetik. Meistens sind Gastteilnehmer bei diesen Veranstaltungen gleichfalls zugelassen. Die Lehrrichtung ist eine Art der offenen Richtung. Bei ihr geht es nicht um Pokale oder Sieger. Hier können besonders Ausstellungsanfänger die Chance nutzen, ihre Tiere unter Showbedingungen einem Preisrichter zu präsentieren. Danach kann man erfragen, warum und weshalb seine Tiere die entsprechenden Prädikate bekommen haben. Neben der Aussage, ob ein Tier ein Showtier ist, kann man so auch erfahren, ob ein Meerschweinchen zuchtgeeignet ist. Informationen sind auf den einzelnen Verbands-HPs oder in der Meerschweinchen News des MFD BD e.V. zu finden.

Mistentsorgung

Eine der unschönsten Aufgaben in der Meerschweinchenzucht ist die Entsorgung des Mistes. Bevor man mit der Zucht in größeren Dimensionen anfängt, sollte man abklären, wo man den Mist entsorgen kann. Egal welche Variante sich einem anbietet – Bauern, Müllkippen, Verwertungshöfe usw. – sie sollten ganzjährig zur Verfügung stehen. Eine zu lange Mistansammlung sorgt neben der Geruchsbelästigung noch für ein paar weitere Probleme: Ungeziefer, Schimmel, Pilzsporen könnten vorkommen und andere Tiere (Ratten, Mäuse usw.) angelockt werden. Aus diesen Gründen ist der Abfall immer schnellstmöglich zu beseitigen.

Staubbekämpfung

Jeder Züchter kennt das Problem der Staubbildung bei der Tierhaltung. Damit sie auf ein Minimum reduziert wird, empfiehlt sich die Benutzung eines Ionenaustauschers. Diese Geräte, bekannt aus den Reihen der Vogelzüchter, beeinflussen die Meerschweinchen in keinster Weise. Sie erzeugen ständig neue negativ geladene Ionenteilchen, die Staubpartikel, Mikroorganismen und Bakterien an sich binden und zu einer positiv geladenen und geerdeten Aufnahmefläche transportieren. Da es sinnvoll ist, dieses Gerät 24 Stunden am Tag in Betrieb zu halten und den häufigen Kauf von Batterien zu vermeiden, sollte man solche mit Netzanschluss verwenden.

Luftfeuchtigkeit

Gelegentlich kann es in einer Stallung zu einer erhöhten Luftfeuchtigkeit kommen. Meistens handelt es sich um Kondenswasser, das aufgrund zu starker Temperaturschwankungen bei hoher Luftfeuchtigkeit entsteht. Sollten alle Bemühungen wie ständiges gutes Lüften, Verkürzen der Reinigungsintervalle, Verbesserung der Stallisolierung oder Reduzierung der Tieranzahl in diesem Raum nicht den erwünschten Erfolg bringen, so besteht noch die Möglichkeit eines Luftentfeuchters. Diese Geräte arbeiten sehr zuverlässig. Sie kommen allerdings auch recht schnell an ihre Grenzen. Sie sollten auch nur vorübergehend eingesetzt werden. Besser ist es, eine ständige gleichbleibende, natürliche

Luftfeuchte von etwa 45 bis 60 % in seiner Stallanlage hinzubekommen.

UV-Insektenvernichter

Meerschweinchen und Insekten sind nie eine gute Kombination. Es besteht immer die Gefahr von Krankheitsübertragungen. Insektenstiche sind für Meerschweinchen fast immer tödlich. Trotz aller Hygiene gibt es keine Sicherheit, dass sich nicht doch einige Insekten in eine Meerschweinchenunterkunft verirren. Manchmal ist es auch nur die wärmere Temperatur, die die Insekten anlockt. Um hier Abhilfe zu schaffen und seine Tiere bestmöglich zu schützen, ist die Verwendung eines UV-Insektenvernichters die zuverlässigste Methode.

Selbstverständlich gibt es noch viele andere Insektenfallen im Handel. Beim Einsatz ist aber stets darauf zu achten, dass die Anwendung dieser Mittel den Meerschweinchen nicht schadet. Auf Gift sollte daher verzichtet werden.

Die Meerschweinchenvereine weltweit

Land	Name	Abkürzung	Internetadresse	E-Mail-Adresse
Australien	Australian National Cavy Council Inc.	ANCC	http://cavycouncil.org.au	peter@cavycouncil.org.au
Belgien	Vlaams Interprovinciaal Verbond van Fokkers van Neerhofdieren	VIVFN	http://www.vivfn.be	secretariaat@neerhofdieren.be
Dänemark	Dansk Marsvine Klub	DMK	http://www.marsvineklub.dk	dmk-formand@marsvineklub.dk
Deutschland	Meerschweinchenfreunde Deutschland	MFD BD e.V.	http://www.meerschweinchenfreunde.de	vorstand@meerschweinchenfreunde.de
England	Southern Cavy Club	SCC	http://www.southerncavyclub.co.uk	southerncavyclub-secretary@gmail.com
Frankreich	Volaille-Poultry	VP	http://volaillepoultry.pagesperso-orange.fr	jean-claude.periquet@wanadoo.fr
Italien	Associazione Nazionale Allevatori Cavie	ANAC	http://anac-cavie.jimdo.com	elenampozzi@yahoo.it
Kanada	Ontario Cavy Club	OCC	http://www.ontario-cavyclub.net	kjroth@wightman.ca

Land	Name	Abkürzung	Internetadresse	E-Mail-Adresse
Luxemburg 	Rassemeerschweinchen Cavia Club Letzebuerg	CCL	http://www.meerschweinchenclub.lu	comite@meerschweinchenclub.lu
Niederlande 	Nederlandse Cavia Club	NCC	http://www.caviaclub.nl	nederlandsecaviafokkersclub@hotmail.com
Österreich 	Rassezuchtverband Österreichischer Kleintierzüchter	RÖK	http://www.rasse-meerschweinchen.at	office@kleintierzucht-roek.at
Polen 	Cavies Club of Poland	CCP	http://ccpklub.pl	ccpklub@wp.pl
Portugal 	Clube dos Amigos dos Porquinhos-da-Índia	Capi	http://capi-portugal.com	porquinhos_clube@sapo.pt
Russland 	Rodenta	Rodenta	http://www.rodenta.narod.ru	rodenta@narod.ru
Schweden 	Svenska Marsvinsföreningen	SMF	http://www.svenska-marsvinsforeningen.se	medlem@svenska-marsvinsforeningen.se
Schweiz 	Cavia-Verein Schweiz	CVS	http://www.cavia-meerschweinchen.ch.vu	r.karpf@sunrise.ch
Slowakei 	Slovenský zväz chovatel'ov	SZCH	http://www.szch-morcata.sk	vybor@zochm.sk
Spanien 	Asociación de Cobayas en España	A:C:E:	http://www.acespain.com	ace-spain@hotmail.com
USA 	American Cavy Breeders Association	ACBA	http://www.acbaonline.com	eisel@mnsi.net
Tschechische Republik 	Novinky z celého webu	Klub Morcat	http://www.klubmorcat.cz	info@marsyas.eu či
Ungarn 	Magyar Tengerimalac Klub	MTK	http://www.tengerimalacklub.hu/	siovalley@siovalley.hu

Bundesverband

MFD BD e.V.	Deutschland	aktiv

Landesverbände

MFD LV01 e.V.	Nordrhein-Westfalen	aktiv
MFD LV02 e.V.	Niedersachsen/Hamburg/Bremen	aktiv
MFD LV03 e.V.	Berlin/Brandenburg/Sachsen	aktiv
MFD LV04 e.V.	Rheinland-Pfalz/Saarland	aktiv
MFD LV05 e.V.	Thüringen	zurzeit vakant
MFD LV06 e.V.	Hessen-Nassau	aktiv
MFD LV07 e.V.	Baden-Württemberg	aktiv
MFD LV08 e.V.	Bayern	aktiv
MFD LV09 e.V.	Schleswig-Holstein	aktiv
MFD LV10 e.V.	Sachsen-Anhalt	aktiv
MFD LV11 e.V.	Mecklenburg-Vorpommern	noch nicht gegründet

Bezirksverbände

MFD BV011 e.V.	Westfalen-Lippe	aktiv
MFD BV012 e.V.	Rheinland	aktiv
MFD BV021 e.V.	Elbe-Weser	aktiv
MFD BV061 e.V.	Rhein-Main	aktiv
MFD BV062 e.V.	Nordhessen	aktiv
MFD BV081 e.V.	Main-Franken	zurzeit vakant

Partnerverbände

KZV Nittenau	KZV Nittenau u. Umgebung e.V.	aktiv
CMCR	Cavia u. Meerschwein. Club Rheinland e.V.	aktiv
US-Teddy Club	US-Teddy Spezialclub und Freunde e.V.	aktiv
Rex Club	Rexmeerschweinchen e.V.	aktiv
KTZV Wittlich	RN64 Wittlich e.V.	aktiv
WRZ	Westf. Rassemeerschweinchenzüchter e.V.	aktiv

In den meisten Ländern gibt es außerdem viele kleinere Landesverbände, Ortsvereine, Spezialvereine, Kleintierzuchtvereine, Rassenvereine usw., die sich auch mit der Zucht und den Ausstellungen von Meerschweinchen beschäftigen.

Spitzenreiter ist hierbei Großbritannien. In England gibt es jeweils für die einzelnen Regionen Vereine, die den deutschen Landesverbänden oder den niederländischen Provinzclubs entsprechen würden.

Auch haben sich dort für fast alle Rassen und Farben Spezialvereine gebildet, die sich nur auf die Verbesserung, Zucht und Ausstellung einer Rasse konzentrieren. Für Meerschweinchenzüchter, die noch nicht das 18. Lebensjahr erreicht haben, gibt es in England Jugend Spezial Clubs.

England besitzt sogar die weltweit einzige Meerschweinchenklinik.

Die meisten der Europäischen Länder besitzen jeweils einen Verein als Landesvertretung in der „Europäischen Entente" (Entente Europèenne d´Aviculture et de Cuniculture).

Dieser Europa-Verband veranstaltet jährliche eine reine Meerschweinchen-Ausstellung, die sogenannte Cavia-Europaschau. Die große Europashow mit allen Kleintie-

1989	Gent (B)	140 Meerschweinchen
1992	Zuidlaren (NL)	366 Meerschweinchen
1998	Brno (CZ)	198 Meerschweinchen
2000	Wels (A)	209 Meerschweinchen
2004	Prag (CZ)	248 Meerschweinchen
2006	Leipzig (D)	219 Meerschweinchen
2009	Nitra (SK)	294 Meerschweinchen
2012	Leipzig (D)	639 Meerschweinchen
2015	Metz (F)	
2018	Hernig (DK)	
2021	Leipzig (D)	

ren (Kaninchen, Hühner, Tauben, Meerschweinchen u. a.) wird alle drei Jahre in einem anderen Land abgehalten und ist immer ein besonderes Ereignis. In Leipzig 2012 waren insgesamt über 100 000 Tiere zu bestaunen.

Auch die Anzahl der dort gezeigten Meerschweinchen, lässt sich inzwischen sehen.

Schlusswort und Danksagung

Wie im Vorwort schon erwähnt ist es mein Ziel, Züchtern, Anfängern und Liebhabern der Rassemeerschweinchenzucht so viel wie möglich an Wissen zu vermitteln. Ich hoffe, dass mir dies mit dem Buch gelungen ist. Denn nur in diesem Fall profitieren auch die Meerschweinchen davon.

Wir sind inzwischen viel weiter als noch vor einigen Jahren. Wir wissen aber längst noch nicht alles und begehen bestimmt noch einige Fehler. Deshalb gilt es, nicht zu ruhen und noch mehr zu lernen. Ich weiß, dass ich meine Energie und Fähigkeiten weiter in den Dienst der Meerschweinchenzucht stellen werde.

Eines möchte ich an Sie alle weitergeben. Es ist ein Satz, den mir meine Großmutter vor etwa 35 Jahren mit auf den Weg gab. Sie hatte einen kleinen landwirtschaftlichen Hof und ich liebte es als Kind dort zu sein. Eines Tages saß ich mit ihr draußen auf einer Gartenbank. Wir sprachen über ihre Kaninchen, Hühner, Schweine und Schafe. In diesem Gespräch sagte sie zu mir:

„Andreas, behandle immer alle Tiere mit Respekt, es sind Lebewesen und sie verdienen es.“ Dies ist für mich bis heute ein wichtiger Leitsatz geblieben.

Meinen Weg in dieses Hobby bin ich nicht allein gegangen. Am Anfang lernten meine Frau und ich – so viel es ging – aus den damaligen Büchern. Diese waren bei Weitem nicht auf dem Niveau von heute. Glücklicherweise trafen wir auf Truus und Peter Leblanc. Sie brachten uns das 1x1 der Meerschweinchenzucht bei. Dafür sind wir ihnen sehr dankbar und wir sind stolz, dass unsere Freundschaft bis heute Bestand hat.

Eine weitere Person, die ich für mich als Vorbild bezeichnen kann und es für mich eine Ehre war, ihn als Freund und späteren Preisrichterkollegen kennengelernt zu haben, war Jo Vanhommerig. Seine Art und Weise, sein Charakter, seine Erfahrung waren für mich ein besonderer Ansporn, mich in diesem Hobby so zu engagieren, wie ich es in den letzten 20 Jahren getan habe.

Für die Erstellung der vielen Bilder in diesem Buch gebührt meine ehrliche Anerkennung Benjamin Werdelmann. Er hat sich außerordentlich viel Mühe gegeben, alle meine Wünsche zu erfüllen und hat sie professionell umgesetzt. Seiner Fähigkeit ist es zu verdanken, dass es erstmalig Bilder gibt, die so viel neue Details zeigen wie noch nie.

Neben diesen genannten Einzelpersonen, möchte ich mich besonders bei meinen ganzen Vereins-, Züchter-, Preisrichter- und Vorstandsfreunden/innen des MFD BD e.V. bedanken. Nicht nur weil sie mir die Erlaubnis gegeben haben, ihre schönen Tiere für dieses Werk ablichten zu dürfen. Nein, sehr viele begleiten mich seit etlichen Jahren. Ohne ihre Unterstützung und Mitarbeit in diesem Verein wäre unser Hobby heute nicht das, was es ist. Namentlich möchte ich dabei keine Person besonders benennen. Ich würde eventuell jemanden vergessen und dies will ich wirklich nicht. Ich danke euch allen.

Zum Schluss gehört mein größter Dank meinem Sohn Henry und meiner Ehefrau Martina.
Henry hat sich nie darüber beklagt, nicht so einfach mit seinen Eltern in den Urlaub fahren zu können, wie es andere Kinder konnten. Er hat oft an Wochenenden auf seinen Vater verzichten müssen, weil dieser irgendwo in Deutschland ein Seminar oder eine Richtung hatte. Er hat sich immer an der Arbeit beteiligt und nie gemurrt. Das alles ist keine Selbstverständlichkeit. Ich bin sehr stolz. Er ist ein klasse Junge.
Neben Henry hat meine Frau natürlich genauso zu leiden. Auch wenn sie von diesem Hobby gleichermaßen begeistert ist wie ich, so toleriert sie meine zusätzliche Arbeit in jeglichen Vorständen und Funktionen. Ohne ihre Arbeit, Unterstützung und ohne ihr Wissen wäre die Meerschweinchenzucht von Henrichenburg nicht das, was sie heute ist.

Danke, Martina.

Literatur

Alderton, David: Kaninchen und Meerschweinchen. Kynos Verlag, 1995.
Baumgart, Liesel und Hand, Marlies: Bach-Blüten für Tiere. Selbsthilfe schnell und einfach. Oertel+Spörer, 2014.
Cavia Club Belgien (CCB): Cavia Standard Belgien. Standard des Vereins, 2002.
DHU: Homöopathisches Repitorium. DHU-Karlsruhe, 2004.
National Cavy Club (NCC): Jahrbuch des NCC von England, 1994.
Niederlands Cavia Club (NCC): Jahrbuch des NCC der Niederlande. Ausgaben 1998 bis 2006.
Niederlands Cavia Club (NCC): Niederländischer Standard, 2000.
Entente Europèenne d´Aviculture et de Cuniculture: 75 Jahre EE, 2013
Entente Europèenne d´Aviculture et de Cuniculture: Europastandard, 2008.
Hamel, Ilse: Das Meerschweinchen – Heimtier und Patient. Enke Verlag, 2002.
Klokow, Jürgen und Binder, Walter: Praktisches Handbuch der Homöopathie. Bechtermünz Verlag, 1998.
Meerschweinchenfreunde Deutschland Bundesverband e.V. (MFD): Meerschweinchen News. Ausgaben 1993 bis 2013.
Meerschweinchenfreunde Deutschland Bundesverband e.V. (MFD): Die wichtigsten Fragen über Meerschweinchen, 2002.
Meerschweinchenfreunde Deutschland Bundesverband e.V. (MFD): Reinert, Andreas und Koch, Dr. Christian: Preisrichterausbildungsordner, 2012.
Meerschweinchenfreunde Deutschland Bundesverband e.V. (MFD): Bundesdeutscher Verbandsstandard für Rassemeerschweinchen, 2010.
Pawletko, Petra: Heilpflanzen für Tiere – Phytotherapie für Hunde, Katzen, Kaninchen und Meerschweinchen. Oertel+Spörer, 2014.
Pelz, Ilse: Mehr über Meerschweinchen. Oertel+Spörer, 2008.
Prust, Gabriele: Ratgeber Meerschweinchen. Bede Verlag, 1996.
Rare Varieties Cavy Club (RVCC): Information Rare Varieties Cavy Club von England, 1994.
Schippers, Hans L.: Cavia's. Zuid Bock Produktions (Niederlande), 1998
Tooson, Sigrid und Ehrlich, Christian: Leben des Meerschweinchens. NTV, 2008.
Weber, Alois: Meerschweinchen, Homöopathie und Kräuteranwendung. Ennsthaler Verlag, 2003.
Zinke, Jörg: Ganzheitliche Behandlung von Kaninchen und Meerschweinchen. Sonntag Verlag, 2004.